GraphPad Prism 7
による生物統計学入門

名城大学薬学部教授 平松正行●著

■サンプルファイルのダウンロードについて

本書で取り上げたサンプルデータファイルは、以下の URL から入手できます。

http://www.cutt.co.jp/books/502-6.html

・本書の内容についてのご意見、ご質問は、お名前、ご連絡先を明記のうえ、小社出版部宛文書（郵送または E-mail）でお送りください。
・電話によるお問い合わせはお受けできません。
・本書の解説範囲を越える内容のご質問や、本書の内容と無関係なご質問にはお答えできません。
・匿名のフリーメールアドレスからのお問い合わせには返信しかねます。

本書で取り上げられているシステム名／製品名は、一般に開発各社の登録商標／商品名です。本書では、™ および ® マークは明記していません。本書に掲載されている団体／商品に対して、その商標権を侵害する意図は一切ありません。本書で紹介している URL や各サイトの内容は変更される場合があります。

概　要

　統計、とりわけ医療統計（生物統計）の実践にあたって、「まず現象があり、その現象（データ）を説明するために仮説が作られ、その仮説を証明するために統計的手法が使われ、解析結果を再び仮説と照らし合わせて現象を説明しようと試みる。それがうまくいかない場合は、再び仮説を立て直し、解析を行い結論に導く。」、このようなことを繰り返してはいないでしょうか。本書では、まず、統計ソフトを間違って使用しないために統計に関する最低限の事項を説明し、次に統計ソフトの使い方について解説をしていきます。

　医療・生物学領域において、医療統計学（生物統計学）の知識なしでは正しくデータを解釈できないようになってきています。幸いなことに、昨今のコンピュータ技術の進歩と簡便で手ごろな統計ソフトのおかげで、統計の専門家でなくても、また、数学、数式をあまり知らなくても、簡単に統計解析が行えるようになってきました。日本では、これまで StatView、JMP などの手ごろなものから、SPSS、SAS や Systat などといった、高度な統計解析が行えるソフトウェアが発売されてきましたが、その中でも StatView は、その使いやすさから多くの解説書が作られてきました。しかし、残念ながらこのソフトウェアは平成 14 年末をもって開発・販売中止となってしまいました。本書で紹介する GraphPad 社の Prism というソフトウェアは、Windows 環境ばかりでなく Mac 環境でも使用でき、また相互にデータの互換性があります。医療・生物学領域の研究分野で、世界的にも比較的頻繁に使用されているソフトウェアなのですが、残念なことに日本語版がなかったことと、このソフトウェアに関する書籍がほとんど見当たらなかった（現在では、祝部大輔先生の書籍が発売されています。）ことから、日本ではまだあまり普及していません。Windows 版に関しては、バージョン 5 の Prism 版から、有限会社エムデーエフが日本語化アドオンソフト付きの Prism 5 を発売し、日本語表示することが可能となりました。ツールバーやダイアログに加え、ヘルプも日本語で表示されます。Mac 版では、まだ日本語表示はできませんが、エムデーエフが独自で開発した Mac 用の日本語ヘルプアドオンソフトがあります。GraphPad 社が提供するオンラインユーザーガイドの日本語版になります。Prism 7 の操作中に疑問や不明な点が生じてもマニュアルを開くことなく、ヘルプメニューから簡単に調べることができます。使い方に慣れると英語版でも問題なく使うことができます。そのため、本書はあえて英語版で解説を作成することにしました。

　Prism は、医療・生物統計学、それら研究に用いる種々の線形・非線形解析とその曲線への適合、および科学的グラフ作成のためのツールが網羅された、非常に洗練されたソフトウェア

です。また、パワーポイントなど汎用のプレゼンテーションソフトに簡単に移行できるようになりましたので、データからその解析、グラフ化、さらにプレゼンテーション資料までを、このソフトのみで完成させることができます。実際の作業に即しては、データ入力、解析結果、グラフ、レイアウト、メモがすべて連動し自動更新され、1つのプロジェクトファイルにまとめて保存されますので、実験データを追加したり、訂正があった場合でも、グラフなどを作成しなおす必要もなく、分かりやすく管理することができます。また、解析手法を変更すると、解析結果、グラフ等が自動更新され、新たなグラフ等を別シートで作成することもできます。さらに、ボタンをクリックするだけで、種々のデータ解析が簡単に行えます。また、ページレイアウトでは、複数のグラフ、テキスト、図、インポート画像を組み合わせて1枚の要約を作成でき、プレゼンテーション資料を作成できるといった特徴を持っており、手放せないソフトウェアになっています。

　全国大学生活共同組合連合会の石野雅之氏から出版企画の話が入ったのをきっかけで、無謀なのを承知でこの統計ソフトウェアを使った統計解析の解説書を作ることになりました。本書は、間違った統計手法を用いずに、手軽に医療・生物統計を行いたい方のための、Prism を使った統計解析の入門解説書です。また、この企画を快くお引き受け頂いた株式会社カットシステムの石塚勝敏氏、挿入図の作成や動作確認など助けて頂きました同社編集部の皆様、また、その他関係者の方々、またこのソフトウェアの開発者である GraphPad 社の Motulsky 博士にこの場をお借りして御礼申し上げます。本書は、幻の原稿となった平成 16 年の Prism 3 の解説書から 2 年後にカットシステムにて初版本（Prism 4）を発刊し、その 3 年後に改訂版として Prism 5 の書籍が出版されました。その後、Prism 6 において操作法などが若干改定され、現在の Prism 7 に至っているのですが、これらに対応した改定版への対応には、9 年を要してしまいました。ほとんどすべての図版を入れ替える作業は思っていた以上に大変でした。Prism 統計を利用される方も増えてきていることもあり、石塚氏には無理を申し上げて手に取りやすい価格に設定をして頂きました。以上のような経緯でできあがった入門解説書ですので、統計学を本格的に学びたい方は、本書ではなく、参考文献に示した成書等を参照してください。もし、何かの手違いで「統計専門の先生」や「統計に詳しい研究者」の方がこの本を手にしてしまった場合、ぜひ、間違いや問題点などご指摘願えればと思います。この本が、遠ざかっていた統計解析から少しでも身近になることの助けとなれば幸いです。

平成 30 年春

平松正行

■ Prism 7 ソフトウェアの利用について

　実際に、Prism 7 のソフトウェアを使ってクイックツアーを体験されたい方は、GraphPad 社が提供している最新の Free Demo 版（http://graphpad.com/）をダウンロードして使用してください。Windows 版と Mac 版が用意されており、30 日間の期間限定で、正規版と同じ機能を使用することができます。この本で解説しているものと同じバージョンのデモ版を添付したかったのですが、最新版を使って欲しいという Prism 開発者の強い希望から実現できませんでした。しかし、基本的な使い方は変わらないと思われますので、大きく困ることはないと思います。

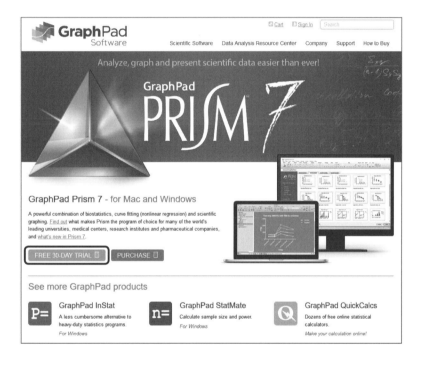

概　要 ——————————————————————————————— iii

第 1 章　間違った統計手法を使わないために 1

- 1.1　統計解析の目的は？ ——————————————————— 1
- 1.2　最低限の用語の解説 ——————————————————— 2
  - ［1］変数（variables）……2　　［2］変数のタイプ……3
- 1.3　データのビジュアル化 —————————————————— 4
- 1.4　フローチャートを用いた統計手法の選択 ——————————— 6
- 1.5　「統計学的に有意」とは？ ————————————————— 8
  - ［1］「p 値」とは何か？……8　　［2］帰無仮説とは？……8
  - ［3］なぜ、p < 0.05 のときに「統計学的に有意」なのか？……9
  - ［4］「統計学的に有意」な結果は「臨床的な重要性」を意味する？……10
- 1.6　データの正規性はなぜ重要なのか？ ————————————— 12
  - ［1］正規分布とは何か？……12　　［2］正規性の検定方法……13
  - ［3］正規分布からの頑健性（robustness）……14
  - ［4］パラメトリック検定かノンパラメトリック検定か？……15
- 1.7　ポストホック検定（Post-hoc test）とは？ ———————————— 15
  - ［1］3 群以上の比較に t 検定を使っていけない理由は？……16
  - ［2］分散分析で有意な差が得られたら、何が言えるのか？……16
  - ［3］多重比較検定（Multiple comparison）……17
  - ［4］多重比較法として適切でない手法……19
  - ［5］ポストホック検定の使用可能範囲は？……19
- 1.8　データの代表値としての平均値と中央値の使い分けは？ ————— 19
- 1.9　外れ値はどのように取り扱えば良いか？ ——————————— 20
- 1.10　標準偏差と標準誤差の違い ———————————————— 23
  - ［1］ばらつきの原因……23　　［2］データとばらつきの表示……24
  - ［3］標準偏差と標準誤差……25　　［4］標準偏差とは……26
- 1.11　両側検定と片側検定の違い ———————————————— 27
- 1.12　95 ％信頼区間とは？ ——————————————————— 29
- 1.13　ガウス分布 ——————————————————————— 30
  - ［1］t 分布とは……30

第 2 章　GraphPad Prism 7 クイックツアー……………35

- ステップ 1　GraphPad Prism を起動する ─── 36
- ステップ 2　新しいプロジェクトの作成 ─── 37
- ステップ 3　サンプルデータを参考に、データを入力する ─── 46
- ステップ 4　グラフを作成する ─── 48
- ステップ 5　非線形回帰（nonlinear regression）を行い、曲線を求める ─── 49
- ステップ 6　分析結果の表示 ─── 52
- ステップ 7　グラフのカスタマイズ ─── 54
- ステップ 8　転送、エクスポートと印刷 ─── 59
- ステップ 9　グラフの複製（クローニング、Cloning） ─── 61
- ステップ 10　グラフの編集 ─── 64
- ステップ 11　グラフのレイアウト機能 ─── 67
- ステップ 12　自動リンク機能と更新機能 ─── 69
- ステップ 13　ノート追加機能、他、便利な機能 ─── 70

第 3 章　パラメトリック検定……………75

3.1　母集団の平均値との比較：One Sample t-test ─── 75
［1］帰無仮説……75　［2］使用条件……75　［3］統計処理……76
［4］統計結果の解説……80

3.2　対応のない 2 群の比較：Unpaired t-test（Student's t-test） ─── 80
［1］帰無仮説……80　［2］使用条件……80　［3］統計処理……81
［4］統計結果の解説……87
［5］サンプルデータの平均値、標準誤差、例数などが分かっている場合の統計処理……87

3.3　対応のない 2 群の比較（分散が等しくない場合の Welch の補正）：Unpaired t-test with Welch's correction ─── 91
［1］帰無仮説……91　［2］使用条件……91　［3］統計処理……92
［4］統計結果の解説……98

3.4　対応のある 2 群の比較：Paired t-test ─── 99
［1］帰無仮説……99　［2］使用条件……99　［3］統計手法……99
［4］統計結果の解説……105

3.5　独立した 3 群以上の比較：One-way Factorial ANOVA and Multiple Comparison tests ─── 105
［1］帰無仮説……105　［2］使用条件……105

［3］統計処理……106　　［4］統計結果の解説……114
　　　　　［5］有意差が検定方法によって変わる例……115　　［6］統計結果の解説……117

　3.6　2つのカテゴリー変数で分類される多群の比較
　　　　— 繰り返しのない場合：Two-way ANOVA ——————————118
　　　　　［1］帰無仮説……118　　［2］使用条件……118　　［3］統計処理……120
　　　　　［4］統計結果の解説……131

　3.7　2つのカテゴリー変数で分類される多群の比較
　　　　— 繰り返しのある場合 ——————————————————132

　3.8　反復測定 — 分散分析法：Two-way Repeated measure
　　　　ANOVA ———————————————————————134
　　　　　［1］帰無仮説……134　　［2］使用条件……134　　［3］統計処理……135
　　　　　［4］統計結果の解説……142　　［5］交互作用（interaction）とは……143

　3.9　2つのカテゴリー変数で分類される多群の比較 — 多重比較：
　　　　Two-way Factorial ANOVA with post-hoc test ——————————146
　　　　　［1］帰無仮説……146　　［2］使用条件……146　　［3］統計処理……147
　　　　　［4］統計結果の解説……154　　［5］統計処理……155
　　　　　［6］統計結果の解説……159

　3.10　2つのカテゴリー変数で分類される多群の比較 — 交互作用の
　　　　ある場合：Two-way Factorial ANOVA、interaction ——————160
　　　　　［1］帰無仮説……160　　［2］統計処理……161　　［3］統計結果の解説……165

　3.11　3つのカテゴリー変数で分類される多群の比較：
　　　　Three-way Factorial ANOVA ——————————————166
　　　　　［1］帰無仮説……166　　［2］統計処理……166　　［3］統計結果の解説……171

第4章　ノンパラメトリック検定 173

　4.1　独立した2群の比較：Mann-Whitney U-test ——————————173
　　　　　［1］帰無仮説……173　　［2］使用条件……173　　［3］統計処理……174
　　　　　［4］統計結果の解説……178

　4.2　独立した3群以上の比較：Kruskal-Wallis test with post-hoc
　　　　test ———————————————————————————179
　　　　　［1］帰無仮説……179　　［2］使用条件……179　　［3］統計処理……180
　　　　　［4］統計結果の解説……189

　4.3　対応のある2群の比較：Wilcoxon signed rank test ———————191
　　　　　［1］帰無仮説……191　　［2］使用条件……191　　［3］統計処理……191
　　　　　［4］統計結果の解説……194

　4.4　対応のある3群以上の比較：Friedman test with post-hoc
　　　　test ———————————————————————————195
　　　　　［1］帰無仮説……195　　［2］使用条件……195　　［3］統計処理……196
　　　　　［4］統計結果の解説……201

第 5 章　相関関係の検定 203

5.1　ピアソンの相関係数：Pearson's correlation coefficient ——— 203
[1] 帰無仮説……203　　[2] 使用条件……203　　[3] 統計処理……204
[4] 統計結果の解説……207

5.2　スピアマンの順位相関係数：Spearman's correlation coefficient by rank ——— 208
[1] 帰無仮説……208　　[2] 使用条件……208　　[3] 統計処理……208
[4] 統計結果の解説……212

第 6 章　2 変数間の回帰 213

6.1　単純直線回帰：Linear regression ——— 213
[1] 帰無仮説……213　　[2] 使用条件……213　　[3] 統計処理……214
[4] 統計結果の解説……218

6.2　非線形回帰とその検定：Non-linear regression ——— 219
[1] 統計処理……219

第 7 章　カテゴリーデータの検定 233

7.1　2 × 2 分割表と χ^2（カイ 2 乗）検定：Chi-square test ——— 233
[1] 帰無仮説……233　　[2] 使用条件……233　　[3] 統計処理……234
[4] 統計結果の解説……237
[5] 相対リスク（Relative risk）とオッズ比（Odds ratio）……238
[6] コーホート分析……238

7.2　Fisher の直接確率法と Yates の補正 ——— 238
[1] 統計処理……239　　[2] 統計結果の解説……244

7.3　l × m 分割表における χ^2（カイ 2 乗）検定：Chi-square test ——— 245
[1] 帰無仮説……245　　[2] 使用条件……245　　[3] 統計処理……245
[4] 統計結果の解説……248

第 8 章　生存分析：Survival analysis 249

8.1　カプラン・マイヤー法：Kaplan-Meier 法 ——— 250
[1] 統計処理……250

8.2　ログ・ランク法：Log-rank（Mantel-Cox）法 ——— 256
[1] 帰無仮説……256　　[2] 統計処理……256　　[3] 統計結果の解説……260

第9章　曲線回帰のための非線形回帰の利用..........263

9.1　受容体結合実験 ─────────────────────── 264
　　［1］曲線データを直線に変換してはいけないのはなぜか？……265
　　［2］統計処理……267　　［3］非線形回帰における注意点……279

9.2　非線形回帰を用いた標準曲線からの未知濃度の計算：
　　タンパク定量およびEIAキットによる定量 ────────── 281
　　【1】タンパク定量……281　　【2】EIAのデータ解析（応用編）……291

9.3　2-コンパートメントモデル：Two phase exponential decay ─ 303
　　［1］統計処理……303

9.4　非線形解析のための多彩な計算ツール ─────────── 316

参考文献 ──────────────────────────── 321
索　引 ──────────────────────────── 322

第1章

間違った統計手法を使わないために

　間違いなく目的とする統計手法を選ぶ上では、次のような事柄を明確にしておく必要があります。

（1）統計解析によって何を知りたいのか？
（2）用いるデータは、どのようなタイプのものか？

　これらが明確になっていると、用いる統計手法はある程度決められてきます。
　（2）に関しては、どのようなデータの分布であるか、そのデータを使ってどのようなグラフを作成したいのかを考えると、イメージしやすいかも知れません。

1.1　統計解析の目的は？

　統計解析の原則は、まず、何を明らかにしたいのか目的（仮説）を決め、その目的のためには、どのような手法でどのようなデータを集めるのかを考えていくことが重要です。もしもそのような手順を踏めなかった場合は、色々なバイアスが入らないように仮説を立て、統計手法を選んでいくことが必要となります。

> **例題**
>
> （1）ある薬物の投与により、血糖値に影響があるかどうか調べたい。
> （2）ある解熱薬の効果を調べるため、服用前後の体温を測定し、解熱効果があるかどうか調べたい。
> （3）ある抗癌薬により、薬物投与後の生存日数に違いがあるかどうか調べたい。
> （4）入学時の順位と卒業試験の順位には関係がないことを証明したい。
> （5）抗てんかん薬の血中濃度とその治療効果との関係を調べたい。
> （6）喫煙量、生活習慣などから高血圧になるリスクを調べたい。
> （7）呼気中アルコール濃度から、車の運転時の血中アルコール濃度を推定したい。
> （8）吸光度から、DNAの濃度を推定したい。
> （9）ある抗癌薬投与による生存日数から生存曲線を作り、5年生存率を推定したい。

さて、どのような統計手法を用いれば良いと思いますか？　これだけでは、少し分かりにくいかも知れません。これらの例題を統計解析の目的で大別してみましょう。

まず、（1）から（3）は、あるデータ間の比較（Comparison）が目的で、（4）と（5）は、そのデータ間での相関性（Correlation）が知りたいことになります。また、（7）から（9）では、ある関係から、回帰（Regression）を用いて、推定を行うことが目的になるでしょう。

相関と回帰は密接に関連していますので、特に分けて考える必要はありません。データを比較したいのか、相関・回帰を知りたいのかの区別は重要となりますので、統計解析の目的を明確にしておいてください。

1.2　最低限の用語の解説

最低限の用語は、後の統計手法を理解していく上でも必ず必要ですので、頑張って理解しておいてください。特にMac版のPrismは、英語版しかありませんので、英単語も含めて覚えておいてください。

[1] 変数（variables）

数値などが変化するもの、すなわち、観察されたデータや測定されたデータばかりでなく、性別、喫煙歴、薬物投与の有無なども含めて変数と呼んでいます。変数には、以下の2つがあります。

従属変数（dependent variables）
: 観察されたデータや測定されたデータなど、興味の対象となる変数のことで、何らかの要因により変化するものです。グラフ上では、Y 軸に相当します。

独立変数（independent variables）
: 性別、喫煙歴、薬物投与の有無などの要因です。グラフ上では、X 軸に相当します。

例をあげてみましょう。

例題

以下の例題において、従属変数、独立変数はそれぞれ何か。
（1）甘党は、甘いものが嫌いな人と較べて糖尿病になる可能性が高い。
（2）体重と心筋梗塞の発症頻度の関係。
（3）新規に開発された降圧薬により、服用前と較べて血圧下降作用が見られるかどうか調べたい。

【答】
（1）従属変数：糖尿病発症率、
　　独立変数：甘党か否か
（2）従属変数：心筋梗塞の発症率、
　　独立変数：体重
（3）従属変数：血圧の値、
　　独立変数：身長、体重、性別、年齢、高血圧の重症度など

[2] 変数のタイプ

変数には、その値がどのようなタイプなのかによっても分類できます。たとえば、性別や治療の有無など一定の値しか持たないもの、身長や体重のような連続的な値をとるもの、痛みのビジュアルアナログスケールや、成績の優・良・可のような順序のあるカテゴリーからなるものなどがあります。通常、これら変数のタイプを以下のように 3 つに分類します。

名義変数（nominal）
: 性別における男性・女性、治療の有・無、喫煙歴の有・無（喫煙、以前に喫煙、非喫煙）、ID 番号など、それぞれの値に関連性がない。

間隔変数(interval)
: 身長、体重、血糖値、血圧、収入など、順序のあるカテゴリーからなり、その間隔は等間隔である。

順序変数(ordinal)
: 痛みのビジュアルアナログスケール(VAS:1、2、3、4、5)や、成績の優・良・可のような間隔変数と同様、順序のあるカテゴリーからなる。それぞれのカテゴリーの間隔は、等しいとは限らない。

ここで注意しなければならないのは、文字で表された情報が名義変数で、数字で表されたものが間隔変数というわけではないことです。上記のID番号のような数字は、その数字の大小に意味があるわけではありませんので、数字であっても名義変数になります。

例をあげてみましょう。

例題

以下の項目はどのタイプの変数か。
- (1) 収縮期血圧
- (2) 痛みのビジュアルアナログスケール(VAS)
- (3) 1日の喫煙本数(1日あたりの本数で表した場合)
- (4) 1日の喫煙本数(0本、半箱以下、半〜1箱、1箱以上で分類した場合)
- (5) 分類番号(0124、0136等)

【答】
(1) 間隔変数、(2) 順序変数(場合によっては、間隔変数として取り扱われることもある)、(3) 間隔変数、(4) 順序変数(場合によっては、名義変数として取り扱われることもある)、(5) 名義変数

1.3 データのビジュアル化

得られる結果からどのようなグラフを作るのか前もって考えておくことは、後の統計解析に非常に有用です。統計解析の目的と、それに使うべき変数のタイプがつかめたら、いくつかの統計の書籍でも紹介されているように、これらの関係を表すモデル図を書いてみると、より自分のデータの特性が見えてきます。

ここでは、簡単にその方法を紹介します。

従属変数　↑　（垂直方向の軸、Y 軸にあたる）
独立変数　→　（水平方向の軸、X 軸にあたる）

名義変数　├──┤　　（2 群で対応のない場合）
　　　　　├←─┤　　（2 群で対応がある場合）
　　　　　├←─┼─┤　（3 群で対応がある場合）
間隔変数　方向性を持つ実線で標記　→
順序変数　方向性（小から大へ）を持つ点線で標記　⋯▶

例題

(1) 喫煙群と非喫煙群における収縮期血圧の値を比較する。
(2) 喫煙本数と肺癌罹患率の関係を調べる。
(3) 降圧剤投与前後の平均血圧を比較する。
(4) 関節リウマチの治療薬投与前、1 ヶ月後、3 ヶ月後の痛みの強さをビジュアルアナログスケール（VAS）で 5 段階評価する。
(5) 10 代から 60 代で、血中コレステロール値を、男女別に比較する。

【答】

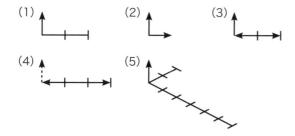

1.4 フローチャートを用いた統計手法の選択

これまでの説明で、統計解析の目的とデータの特性を明らかにしてきました。では、どの統計手法を用いて検定を行えば良いのでしょうか。

章末に付けたフローチャートを用いて条件を選択して行くと、どの統計手法を使えば良いのか、比較的簡単に見つけることができます。ただし、この方法で選択されたからといって、その検定法を使えないこともあること、選択された検定しか使えないということではないことに注意する必要があります。その上でそれぞれの検定方法の特徴や、使用するための必要条件を加味して、最適な統計手法を見つける必要があります。

まず、解析の目的を次の4つの中から選びます。

(1) ある変数（因子）に関して、群間（グループ間）の比較を行いたい。
(2) いくつかの変数（因子）間の関係を調べたい。
(3) 生存時間について、群間（グループ間）の比較を行いたい。
(4) 観測した多数の変数（項目）からいくつかの意義のある因子に集約したい。

(3) と (4) に関しては、それぞれ生存分析、因子分析という統計手法を使えば良いことになりますので、ここでは、(1) および (2) におけるフローチャートを使って、統計手法を見つけてみましょう。

> **例題**
>
> 脂質代謝異常症（高脂血症）を治療する A、B、C の3種類の薬物の治療効果を比較したい。それぞれの薬物をラットに投与し、投与後の血中の中性脂肪濃度を測定した。3つの薬物の効果に差があるだろうか。

解析の目的は？		
↓	血中の中性脂肪濃度を低下させる3種類の薬物 A、B、C の比較	→ (1) 群間比較
得られたデータ間での比較を行うのか？		
↓	3群のデータ間での比較なので	→ YES
従属変数は間隔変数か？		
↓	血中中性脂肪濃度は間隔変数なので	→ YES

データは正規分布型か？		
↓	正規分布すると考えられるので	→ YES
そのカテゴリー変数はいくつの群で構成されるか？		
↓	薬物 A、B、C の 3 群なので	→ 多群
カテゴリー変数は何次元で表されるか（因子数はいくつか）？		
↓	薬物という 1 つのカテゴリーだから	→ 1 次元（1 因子）
カテゴリー変数の各群には対応があるか？		
↓	各群は独立しており対応はないので	→ NO

ということで、この実験データの解析には「One-Way Factorial ANOVA」を用いれば良いことになります。

例題

患者による痛みの 5 段階のビジュアルアナログスケール（VAS）の値と投与された鎮痛薬の量に相関関係があるか調べたい。

解析の目的は？		
↓	VAS の値と鎮痛薬の量の関係を調べる	→（2）ある変数間の関係
関係を見たい変数はいくつか？		
↓	上記の 2 つなので	→ 2
2 つの変数の相関関係を見たいか？		
↓	VAS の値と鎮痛薬の量の相関関係	→ YES
2 変数とも正規分布？		
↓	VAS の値は順序変数なので正規分布しない	→ NO

ということで、この解析には「スピアマンの相関係数」を用いれば良いことになります。

思ったよりも簡単に統計手法が見つかるのではないでしょうか。

1.5 「統計学的に有意」とは？

「ユウイ」と聞くと、「優位」や「有為」という単語を思い浮かべる方もいるのではないでしょうか。医学論文などでは、よく「有意」な差があるかどうかが問題にされます。では「統計学的に有意」とはどういうことを意味するのでしょうか。大抵の場合、答えが返ってきても、「p の値が 0.05 よりも小さいこと」というもので、それが意味することを理解されないまま使用している場合も多いようです。また、p 値が 0.05 未満になるように、1 群あたりの例数を増やすような涙ぐましい努力をするようなことでは、統計の誤用にもつながります。ここでは、「統計学的に有意」とはどういうことを意味しているのか、しっかりと理解しておきましょう。

[1]「p 値」とは何か？

p 値が「有意な差」を言う上で重要な値であるということはご存知だと思いますが、p が確率を意味する probability の頭文字であることは意外と知られていません。p 値とは、「もしある事象がまったく偶然に起こりうるとき、その観察された値と同等か、もしくはより極端な結果が得られる確率」ということになります。

例えば、「薬物処置群は、対照群に比べ有意に低い値を示した（$p < 0.05$）」という記述があったとします。ここでの p 値は、対照群と薬物処置群から得られた値が、同じ母集団に由来すると仮定した場合（すなわち、本来観測されるべき対照群と薬物処置群の値は等しいと仮定した場合）に、この 2 群を比較して偶然にこのような差が認められる確率が 5％未満である（すなわち、偶然に差が認められることはほとんどない）、ということを示しています。対照群と薬物処置群から得られる値は、同じ母集団から得られたものではないことになり、薬物処置によりある結果（値）が変化することを意味することになります。したがって、厳密に言えば、p 値は、この「仮説」をどのように設定するかによって変わりますので、統計解析を行う前に、この仮説を明らかにしておく必要があります。

[2] 帰無仮説とは？

通常、研究者は、ある予想される事実を証明するために実験または調査を行い、データを集めます。このとき、例えば「対照群と比べて薬物処置群は有効である」という仮説を証明したいわけです。この仮説を「対立仮説」と呼び、「H_1」という記号で表します。しかし、統計学では、対立仮説を証明することはできません。なぜなら、薬物処置群の方が有効であるといっても、どのくらい有効なのか数量的に扱えないことが多く、仮に数量的に扱えることがあったとしても、それが真実であることを統計的に証明できないからです。そこで統計学では、検定を行う上で最初に「帰無仮説：H_0」を立てて、この仮説に対する反証を示します。上記の例で

帰無仮説は、「H₀: 対照群と薬物処置群の値は等しい」となり、統計解析の結果、この帰無仮説が否定（棄却）されれば（p 値が 0.05 未満であった場合）、対照群の値と薬物処置群の値は等しくないことになり、この 2 群間で差があることになります。一方、帰無仮説が否定されなければ（p 値が 0.05 よりも大きい場合）、「有意水準 5 ％で有意ではない」または「有意水準 5 ％で帰無仮説を保留する」ことになります。ここで、帰無仮説は「対照群と薬物処置群の値は等しい」でしたので、帰無仮説を採択し、「対照群と薬物処置群の値は等しい」と言えるでしょうか。例えば、帰無仮説が起こる確率が 10 ％である場合、この値は有意水準 5 ％を越えているので、有意ではないことは分かりますが、等しいとまでは言えません。データ（標本サイズ）が大きくなればなるほど、より正確な情報を反映していると考えられ、対立仮説が正しい場合には、帰無仮説は棄却されやすくなる、つまり、有意差が出やすくなります。

前項で、統計解析を行う前に帰無仮説を明らかにしておく必要があることを述べました。例えば、この帰無仮説を「薬物処置群の値は対照群の値よりも小さい」とした場合はどうでしょうか。このような仮定が起こる確率が変わる訳ですから、p 値は当然異なってきますし、結論も変わってくることになります。このような片側検定と両側検定の問題については後述します。

[3] なぜ、p < 0.05 のときに「統計学的に有意」なのか？

医薬品などの安全性研究を行っている人を除き、大多数の研究者は、統計解析から何らかの有意な差を見つけようと期待して研究をしています。統計解析の結果、p 値が 0.051 という結果が出たら、他の統計手法で計算したらどうなるだろうか、もう少し実験を追加すれば何とかならないだろうかなどということを検討したくなるかも知れません。

では、なぜ、それほどまでに 0.05 という値にこだわらなければならないのでしょうか。元来、$p < 0.05$ が「統計学的に有意」と決めた根拠ははっきりとしていません。以前より慣習的に、ある事象が起こる確率が 5 ％未満ならば、「有意な差」と言いましょう、という暗黙的な了解の上に立って使われているだけなのです。前述の通り、p 値とは、「もしある事象がまったく偶然に起こりうるとき、その観察された値と同等か、もしくはより極端な結果が得られる確率」です。もし、統計解析の結果 p 値が 0.051 と 0.049 と出た場合、実質的な差は確率が 5.1 ％と 4.9 ％の違いですので、0.2 ％の違いということになります。$p = 0.051$ だと有意差がないから「差はなかった」とがっかりし、$p = 0.049$ だと有意差が出たと喜ぶほど、天と地の差ではないことは分かるでしょう。

論文の実験方法のところで、「$p < 0.05$ を統計学的に有意と判断した」、「危険率を 5 ％未満とした」といった記述を見かけます。研究者によっては、「$p < 0.01$ を統計学的に有意と判断した」という場合がありますが、この場合は、20 回に 1 回程度（5 ％）起こる確率はそれほど珍しいものではなく、100 回に 1 回ぐらい（1 ％）でないと「偶然には起こりえない」とは言えないと判断していることになります。これとは逆に、「$p < 0.10$ を統計学的に有意と判断した」

というものは滅多に見かけません。10回に1回くらいは、偶然に起こりうると多くの人が考えているからでしょう。では、どうすれば良いのでしょうか。p 値の意味を理解した上で、慣習に従い、$p < 0.05$ の場合には「統計学的に有意」(statistically significant)、$p < 0.01$ の場合には「統計学的に極めて有意」(highly statistically significant) としておくのが無難なようです。このように考えていくと、単に「有意差なし」(not significant) とするよりは、「有意差なし（$p = 0.051$）」と記載した方がより多くの情報が得られますし、たとえ有意であっても p 値が危険率に近ければ、「有意な差が認められた（$p = 0.049$）」とした方が、その結果の解釈をより正確に行えますので、実際の p 値を記載したほうが良いでしょう。

[4]「統計学的に有意」な結果は「臨床的な重要性」を意味する？

「統計学的に有意」ということに目を奪われすぎるため、もっと重要な点を忘れてしまうことがあります。以下の例で考えてみましょう。

ある製薬会社が新規降圧薬を開発し、動物実験では著明な血圧下降作用が認められたとします。臨床試験で、この薬をまず 10 名の患者さんに投与したところ、7 名の患者で収縮期血圧が下がり、平均で 2.9 mmHg 血圧が下がりましたが、統計解析（ここでは paired t-test）の結果では残念ながら $p = 0.2138$ で有意な差は得られませんでした。

表 1.1　降圧薬の臨床試験の結果例

薬物投与前	薬物投与後
158.0	160.0
180.0	170.0
170.0	165.0
165.0	160.0
130.0	125.0
150.0	140.0
128.0	125.0
166.0	167.0
175.0	168.0
157.0	170.0

せっかく何年もかけて新規降圧薬のスクリーニングを行い、動物実験でも著明な血圧下降作用が得られたのに、またこの臨床試験でも、10 名中 7 名の患者では血圧下降効果が得られたのに、ここでこの薬の開発を中止してしまうわけにはいきません。そこで、以前に統計の専門家から、「例数（被験者数）を増やせば有意差が出やすくなる」という言葉を思い出し、さらに 20 名の患者さんにこの薬を投与しました。ここでは便宜的に、10 名の患者のデータと同じものを 3 セット、30 名分使用することにします。その上で、それぞれの血圧の値とその標準偏差を計算します。当然ながら、平均値は 10 名の場合でも 30 名の場合でも同一になるのです

が、標準偏差は、30名の方が小さくなります。

表1.2　例数を増やしたときの降圧薬の臨床試験の結果例

	患者数10名		患者数30名	
	薬物投与前	薬物投与後	薬物投与前	薬物投与後
平均値	157.9	155.0	157.9	155.0
標準偏差	17.57	18.07	16.96	17.43

　ここで、統計解析の結果を比べてみると、平均値は同じでも、p値が0.023と、期待通り（？）、統計学的に有意な差が得られました。

表1.3　例数を増やしたときの降圧薬の臨床試験の解析例

	患者10名	患者30名
Paired t test		
P value	0.2138	0.023
P value summary	ns	*
Significantly different (P < 0.05)?	No	Yes
One- or two-tailed P value?	Two-tailed	Two-tailed
t, df	t=1.338 df=9	t=2.401 df=29
Number of pairs	10	30
How big is the difference?		
Mean of differences	-2.9	-2.9
SD of differences	6.855	6.614
SEM of differences	2.168	1.208
95% confidence interval	-7.804 to 2.004	-5.37 to -0.4302
R squared (partial eta squared)	0.1659	0.1659

　報告書には、「統計学的に有意に収縮期血圧が下降し、この薬物が高血圧の治療に有効であることが分かった」という結論を書くことができました。しかし、この薬により血圧が低下したといっても、まだ、155 mmHgと正常血圧より高く、また、3 mmHg血圧が下がったからといって、どの程度の臨床的な意味があるのでしょう。

　この例からも分かるように、「統計学的に有意」であることが、すなわち「臨床的な重要性」を必ずしも意味するものではないということです。では、もしこの例の場合、「臨床的な重要性」を示したい場合は、どのようにすれば良いのでしょうか。例えば、20 mmHg以上の血圧が低下した場合に、臨床的に重要と考えれば、最初の帰無仮説を「H_0:（投与後の収縮期血圧）－（投与前の収縮期血圧）≧ 20 mmHg」とすれば良いですし、また、正常値にまで低下させることが臨床的に重要だと考えるならば、そのような帰無仮説を立てて統計解析を行えば良いことになります。繰り返しになりますが、統計解析を行う前に、帰無仮説をはっきりとしておくことが重要ということになります。

1.6 データの正規性はなぜ重要なのか？

統計学の本を見ると、「t検定や分散分析を行う場合には、サンプルの分布が正規分布している必要がある」などと書いてあります。今までそのような事を考えないでこれらの統計手法を使ってきたという方も多いのではないでしょうか。

[1] 正規分布とは何か？

正規分布の詳しい説明は、統計学の本を読んで頂くことにして、ここでは、正規分布は「平均値を中心とした左右対称なベル型の分布を示す」ことを覚えておいてください。ベル型の曲線には、曲線の傾きの方向が変わるところ、変曲点があります。標準偏差は、平均値から左右にこの変曲点までの値を示しています。正規分布は、これら平均値と標準偏差の2つのパラメータによって表されます。すなわち、これら2つのパラメータが分かれば、正規分布を描くことができます。このように平均値や標準偏差のようなパラメータによって規定される正規分布に基づいて行われる統計方法のことを、「パラメトリック検定（テスト）」と呼び、それ以外の正規分布に関係なく行われる統計方法を総称して「ノンパラメトリック検定（テスト）」と呼んでいます。Prismでは、パラメトリック検定の場合、平均値と標準偏差、例数が分かれば、有意差検定をすることができます。

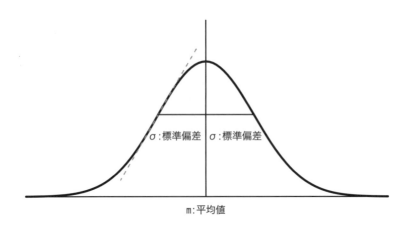

図1.1 正規分布図

では、なぜこの正規分布が重要なのでしょう。ひとつの理由として、t検定や分散分析などの多くの統計手法は、サンプルの分布が正規分布をしていることを前提にして計算されるということがあります。他に、正規分布は平均値と標準偏差でその形が決まり、これら2つのパラメータは互いに独立であること、また、サンプル数が十分に大きければ、自然界に存在する多くの値がこの分布に従うことが多いということです。例えば、日本人の身長を無作為に測定

し、その分布曲線を描いてみると、かなり正規分布に近い曲線が得られるはずです。

　図 1.2 は、2 群の実際のデータ分布とこれら 2 群の平均値と標準偏差に基づいた正規曲線を示しています。大ざっぱな言い方をすれば、t 検定では、この 2 つの正規分布の重なり具合から 2 群間に差があるかどうかを判定します。したがって、実際のデータの分布と正規曲線との重なり具合が良くなければ、理論上、t 検定は正しく行われなくなります。

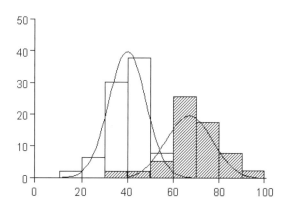

図 1.2　実際のデータの分布（棒グラフ）と正規曲線

[2] 正規性の検定方法

　t 検定や分散分析を統計手法として用いる場合、「正規分布をしていること」という条件が書いてあります。では正規分布をしているのかどうか、どのようにして調べれば良いのでしょうか。

　正規性の検定方法には、歪度・尖度による検定方法や Shapiro-Wilks の検定などが知られており、一部の統計ソフトウェアで解析することができますが、通常、サンプル数が 30 程度は必要とされています。しかし、現実的にはサンプル数（データ数）を 30 以上集めることは困難ですので、t 検定や分散分析などのようなパラメトリックテストは使えないことになってしまいます。

　正規分布ではない間隔変数（連続変数）をパラメトリックテストで検定する際、変数を変換して正規分布に近似させることがあります。データの分布が低値に偏っているときには、対数変換をすると、データの分布が正規分布に近づくことが知られています。他にも、データがポアソン分布する場合のルート変換、二項分布する場合のアークサイン変換などがあります。一方、データ変換をして統計処理することに否定的な意見もあります。その理由は、t 検定や分散分析は、正規分布からのずれに対してかなり許容できる方法であることが明らかになってきたこと、また、変換した値を使うと、解釈が難しくなることがあることがあげられます。した

がって、

　(1) データの分布が、どの程度、正規分布からずれているのか。
　(2) データ変換により、分布がどれだけ正規分布に近づくのか。
　(3) データサイズ（例数）が十分にあるかどうか。

の3つの要素を考慮し、下記のいずれかを選択します。

　(1) データ変換をせずにパラメトリック検定を用いる。
　(2) データ変換をしてからパラメトリック検定を用いる。
　(3) ノンパラメトリック検定を用いる。

[3] 正規分布からの頑健性（robustness）

　t 検定や分散分析などのパラメトリックテストは、データが正規分布するという仮定のもとに行われる方法です。データ分布が正規性を持っているかどうか分からない場合、理論的にはパラメトリックテストは使えないことになってしまいます。では、どの程度、正規性が保たれていれば（頑健性が保持されていれば）、パラメトリックテストを使うことができるのでしょうか。一般的に、t 検定の場合、データ数が各群20例以上あれば使用可能と言われています。通常のデータ数はもっと少ない場合が大半だと思いますが、その場合にはどうすれば良いでしょうか。

　Canavos, G.C.（1988, https://www.sciencedirect.com/science/article/pii/0167947388900618）は、データ数が少ない場合、

　(1) 比較する群の分散およびデータ数がほぼ同じならば問題なし。
　(2) 等分散でも、データ数が2倍以上になる場合には、有意差が出にくい傾向がある。

ということを報告しています。また、分散分析についても、各群のデータ数の差が2倍以内ならば、正規性については、かなり「頑健性」が保たれることも報告されています。言い換えれば、上記のように各群のデータ数が2倍までくらいの差であれば、また、そのデータが多数集まった場合に正規性が得られると考えられる場合には、そのデータの分布が正規分布かどうか分からなくても、t 検定や分散分析を用いても良いことになります。

　もし、正規性が問題となりそうなデータの場合は、ノンパラメトリック検定を行えば良いでしょう。

[4] パラメトリック検定かノンパラメトリック検定か？

　ノンパラメトリック検定では、上記のような正規性の問題などの制限がないことから、最近ではよく用いられるようになってきました。では、すべて、ノンパラメトリック検定で統計処理を行えば良いのではないかと思われるかも知れませんが、いくつかの理由により、できればパラメトリック検定を使用した方が良い場合があります。

（1）一般に、パラメトリック検定の方が、ノンパラメトリック検定よりも有意差の検出力が高い。
　　これは、ノンパラメトリック検定では、データを順位データに変換して処理するなど、データの持つ情報を切り捨てて統計処理を行っていることによります。一般に、2群間の比較をする場合、Mann-Whitney の U 検定は、t 検定の 95％程度の検出力と言われています。

（2）前述したように、正規性など使用条件の仮定にかなり反していても、実際上は、パラメトリック検定を用いてもそれほど問題にならないことが分かってきました。従属変数が順序変数の場合は、ノンパラメトリック検定を用いなければならないということが言われていますが、このような場合、例えば各群のデータ数が 5 ～ 20 の、3 ～ 5 段階スケールによる順位データにおいても、t 検定は使用可能であることも報告されています（Heeren, T. と D'Agostino, R., 1987, https://www.ncbi.nlm.nih.gov/pubmed/3576020）。

（3）パラメトリック検定は、ノンパラメトリック検定に比べて、色々な種類の解析法が開発されていますが、ノンパラメトリック検定では、複雑な解析法がありません。

　以上のように、パラメトリック検定の利点、ノンパラメトリック検定の利点を考慮しながら、使い分けると良いでしょう。

1.7　ポストホック検定（Post-hoc test）とは？

　最近の論文では、「3 群以上の比較には分散分析を用い、その後、ポストホック検定（テスト）を行い各群の比較を行った」などという記述がされていることがあります。ここで、ポストホック検定とは、どのような検定のことなのでしょうか。

[1] 3群以上の比較にt検定を使っていけない理由は？

　最近でこそ、3つ以上の群がある場合に、t検定を用いてそれぞれの群の比較を繰り返し行うようなことはなくなっているようですが、私が学生時代には、誰もがこのような統計処理をしていましたし、一流海外雑誌に投稿しても、論文査読者からクレームが付くこともあまりありませんでした。その当時、医学・生物学の分野で統計学に詳しい研究者は限られており、また、統計学を知っていても手軽に使えるパーソナルコンピュータ用の統計ソフトウェアもなく、統計処理をするためには、メインフレームコンピューターで動くSASやBMDPといったプログラムを使わなくてはなりませんでした。しかも、BMDPを使っても、Kruskal-Wallis検定後に、Mann-WhitneyのU検定を用いて、2群の比較を繰り返し行っていた時代でした。3つ以上の群がある場合、なぜ、それぞれの群の比較に繰り返しt検定を用いてはいけないのか考えてみましょう。

　例えば、A、B、Cの3群で実験を行ってその結果を比較する場合、2群間でt検定を行おうとすると、A vs. B、A vs. C、B vs. Cという3通りの組合せの検定を3回行うことになります。各t検定の危険率を5％（$p < 0.05$）とする、すなわち「実際には差がないのに、たまたま差があるように判定される確率が5％ずつある」とすると、「少なくとも1つの組合せがたまたま有意な差がある」と判定される確率は、1（すなわち、すべての確率、100％）から3つの組合せすべてが「有意差なし」となる確率を引いた値になります。ここで、1つの組合せがたまたま有意な差があると判定される確率は、1 − 0.05 となるので、上記の確率は、1 − (1 − 0.05) × (1 − 0.05) × (1 − 0.05) = 1 − 0.8574 = 0.1426 となり、この検定全体では危険率が14.26％ということになってしまいます。実際には、各々の検定がそれぞれ独立していると仮定して行っていますので、もう少し低い値になるようですが、いずれにしろ、比較する組合せの数が増えれば増えるほど、この方法では、全体の危険率が5％よりはるかに大きなものになってしまいます。言い換えれば、実際には差がないのに、たまたま有意差ありと判定されてしまう確率が増えることになります。このような誤りを、統計学では「αエラー」、「第1種の過誤」、「タイプ1エラー」などと呼んでいます。この過ちを避けるために、2群の比較に用いるt検定を繰り返して用いるのではなく、多重比較検定を用いなければいけないことになります。

[2] 分散分析で有意な差が得られたら、何が言えるのか？

　それでは、2群の比較に、分散分析（analysis of variance, ANOVA）を用いて統計解析を行った結果、有意な結果が得られたとします。例えば、次の図のような結果が得られました。

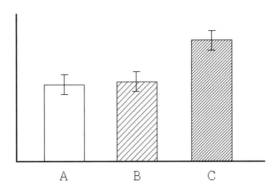

図1.3 ANOVAを用いた統計解析

　図からは、C群が、A群やB群と比較して明らかに高い値を示していることが分かります。そこで、C群のカラムのところに「*」印を付けました。果たして、本当にそうなのでしょうか。ここでもう一度、このANOVAの帰無仮説を考えてみましょう。ANOVAの帰無仮説は「比較する各群の平均値はすべて等しい」というものですから、ANOVAによりこの仮説が否定されたということ、すなわち、$p < 0.05$のときに言えることは、「すべての群が等しいとは言えない」ということであり、「どの群とどの群が等しくない」とか、「どの群が有意に高い値」とかは、ANOVAの結果からは言えないことになります。この例では、各群すべてばらつきは等しいですが、群ごとにばらつきが異なる場合は、見た目だけでは到底どの群とどの群に差があるのか分かりません。

　このような多群の中の各群における差を検定する方法として、多重比較検定と呼ばれるポストホック検定があります。以下に紹介するいくつかの方法のどれを使ったら良いのかは、統計学の本によって異なっていたりして、一般の研究者にとって難しい問題です。それぞれの方法の特徴を知って、解析したい目的に合ったものを見つけてみましょう。

[3] 多重比較検定（Multiple comparison）

　Prismには、Tukey法、Newman-Keuls法、Bonferroni法（すべての群の比較および選択した組合せの群の比較）、Dunnett法（対照群に対して、すべての群の比較）または、linear trend between mean & col. numberという方法が用意されています。

　Prismの開発者であるDr. Motulskyによる解説を参考にこれらの方法を紹介しておきます。

(1) もし、データシートの列（columns）が、用量や経過時間といった自然的な順序になっている場合、得られた値が増加または減少傾向があるかどうか検定したい場合には、傾向性に対する多重比較法、test for linear trendを選択します。この方法では、平均値の組合せを検定する代わりに、群の順序と群の平均の間に有意な直線傾向があるかどうかを

検定します。したがって、実際には一種の直線回帰になります。

(2) 1つの対照群と他のすべての群の比較（他の処置群間の比較は行わない）との比較を行いたい場合には、Dunnett法を用います。

(3) 実験計画をし、始めに調べたい組合せを決めておき、その組合せについて比較を行いたい場合には、選択した群の組合せに対して、Bonferroni法を用います。得られたデータを見てから比較する組合せを選ぶべきではありません。

(4) すべての群の組合せを比較したい場合には、Tukey法、Bonferroni法などがよく用いられています。

Bonferroni法（Dunn法とも呼ばれます）では、危険率を比較する組合せの数で割り、その値を用いて検定を行います。理解しやすいのでよく使われますが、信頼区間が広く、検出力も小さく保守的であることが知られています。3群（比較する組合せの数が3つなので、危険率は 0.05 / 3 = 0.0167）または4群（比較する組合せの数が6つなので、危険率は 0.05 / 6 = 0.0083）の群における比較であればそれほど問題になりませんが、5群以上の群の比較の場合は、組合せの数が10以上ありますので、危険率が 0.05 / 10 = 0.005 未満になってしまい、非常に検出力が落ちてしまいます（有意差が出にくくなる）ので用いるべきではありません。この方法は、必ずしも分散分析で「有意差あり」と判定されなくても使用することができます。

Tukey法とNewman-Keuls法には、ある共通性があります。平均値が最大の群と最小の群との比較では、同じ結果が得られますが、その他の比較では、Newman-Keuls法では、p値が低く計算されるので検出力が高く（有意差が付きやすく）なり、第1種の過誤を生ずる危険があるため最近では使用されなくなってきました。これは、Newman-Keuls法では、信頼区間を計算しないことによります。したがって、Tukey法を使用した方が良いことになります。実際には、PrismでTukey法を選ぶと、自動的にTukey-Kramer法が選ばれます。この変法は、各群のデータ数が等しくない場合にでも使用できるようにKramerによって考え出された方法です。

(5) Prismには含まれていませんが、詳細な比較をしたい場合には、Scheffe法というものがあります。さらにScheffeの方法を用いて計算することにより、対比（contrast）という手法が使えます。この方法では、すべての治療群の平均と対照群の平均を比較する場合や、A群とB群の平均を、C群、D群、E群の平均と比較したい場合などにも利用できます。この方法では、対比における可能な組合せの多様性を考慮するため、極めて広い信頼区間となり、他の方法に比べて、差の検出力が低いことが知られています。Super ANOVAという統計ソフトウェア（現在は発売されていません）で計算することができます。

[4] 多重比較法として適切でない手法

多重比較法については、近年になって色々な意見が整理され、コンセンサスが得られてきました。しかし、それ以前に開発された手法の中で、正しくないにも関わらず、今でも使用されているものがあります。前述した2標本 t 検定の繰り返し、無制約LSD法、Duncanの方法、また、4群以上のときには、制約付LSD法、Newman-Keuls法（Student-Newman-Keuls法）です。統計解析ソフトウェアに入っていても、使用しない方が無難のようです。

[5] ポストホック検定の使用可能範囲は？

これらポストホック検定により、多群の中から、2群の組合せでの比較が行えることを示しました。残念ながら、Repeated measures ANOVAには、ポストホック検定は用いることができませんし、Two-way ANOVAにおいて交互作用が有意である場合には、結果の解釈に注意する必要があります。この場合には、上記の対比という方法を使って仮説を検証できますが、残念ながらPrismには含まれていません。Two-way ANOVAの所でも説明しますが、この場合には、すべての群をOne-way ANOVAで解析し多重比較する方法がとられます。

1.8　データの代表値としての平均値と中央値の使い分けは？

データの代表値として、平均値がよく用いられます。これは、身長や体重、試験の点数（勉強していない人がある程度の人数いる場合は、二峰性になることがありますが）など、比較的正規分布するデータが多いためです。しかし、臨床検査値やカットオフ値があるような、医学的、生物学的なデータ等は、正規分布をしないこともよく見かけます。例えば、肝機能の指標であるALT（GPT）は、ほとんどの人は 5–40 U/L 以下ですが、肝炎になると、値が500とか1000を越えることもあります。例えば、10名のALT値を検査した場合、5、10、15、20、25、30、35、40、45、1000 IU/L という結果になったとします。このとき、平均値（±標準偏差）は122.5（±308.6）となり、一方、中央値（四分位数）は27.5（16.25–38.75）となります。10名中、8名は基準値以下、1名が高め、もう1名は、肝炎などが疑われるような数値です。平均値を代表値とすると、122.5となり、肝機能障害が疑われる値になり、代表値としては問題がありそうです。その点、中央値は27.5となり、正常値となります。このように、外れ値があるような場合には、平均値は大きく影響され注意が必要ですが、中央値ではそのようなことはありません。

1.9 外れ値はどのように取り扱えば良いか？

「実験データで1つだけ大きく外れた値が出たのだけど、棄却検定でこの値を消すことはできないだろうか」

誰もが一度は考えてみたことがあるのではないでしょうか。そもそも棄却検定はどのようなことをするためにあるのでしょうか。棄却検定の内容や使用法を正しく理解していないために、多くの方が誤解し過度に期待をしているように感じます。確かに棄却検定によって外れ値が見つかったとしても、その値をデータから削除してもよいことにはなりません。外すべき理由、実験をミスしたとか、使った動物の体重が極端に違っていたとかなどを考えた上で決めるべきで、機械的に削除するための方法ではないからです。もしかしたら、何かの実験条件の違いにより、そのような極端な結果が出ていたかも知れませんし、その外れ値を検討していったら、世紀の大発見に繋がるような真実が眠っているかも知れません。

データのばらつきを見る場合、箱ヒゲ図（box and whisker plot）が視覚的に分かりやすいでしょう。最小値と最大値を知ること、データの小さいほうから25％にあたる値、50％にあたる値と75％にあたる値を知ることができます。ここで、25％、50％、75％にあたる値のことを、それぞれ25パーセンタイル値（第一分位数）、50パーセンタイル値（中央値、メディアン）、75パーセンタイル値（第三分位数）と呼んでいます。また、25パーセンタイル値と75パーセンタイル値の区間を四分位間範囲（interquartile rangeまたは単にrange）と呼びます。この間にデータの半分、50％があることになり、メディアンを中心に、どのようにデータが分布しているのか、視覚的に確認することができます。Prismでは、それぞれのデータポイントを、箱ヒゲ図の中に表示させることも可能です。また、箱と水平線で、それぞれのパーセンタイル値を示し、ヒゲの範囲によって、最小値と最大値、10パーセンタイル値から90パーセンタイル値の幅、5パーセンタイル値から95パーセンタイル値の幅など、表示を変えることができます。統計ソフトウェアによって、範囲が異なることがありますので注意が必要です。

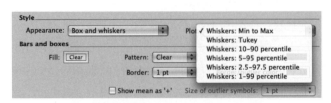

図1.4　箱ヒゲ図（Box and whiskers）の設定

では、「外れ値が出た原因が分かったので、Prism で棄却検定を行いたい」場合には、どうすれば良いでしょうか。棄却検定の方法として「グラブス・スミルノフ（Grubbs's-Smirnov）棄却検定」がよく知られていますが、残念ながら、Prism にはこの検定法は入っていません。正規性を検定する方法である「Kolmogorov-Smirnov 検定」とは異なります。その代わり、GraphPad 社のホームページに無料のオンライン計算機（http://graphpad.com/quickcalcs/）が用意されており、その中でグラブス検定（Grubbs' outlier test、ESD method）を利用することができます。

棄却検定は、ガウス分布（正規分布、後述 1.13 節を参照）をする母集団から、ある値が大きく他のデータとかけ離れた値かどうかを調べる方法で、もし有意に稀な値と判断されたならば、その値は、異なる母集団から得られた値と考えます。そこで、帰無仮説を「他のデータとかけ離れた値は異常値ではない」とし、有意水準 α を決め、検定統計量を求めます。参考までに、下記に簡単に使用法を示します。

1. GraphPad 社のホームページからリンクされている QuickCalcs のページを開き、「Continuous data」にチェックを入れ、「Continue」ボタンをクリックします。

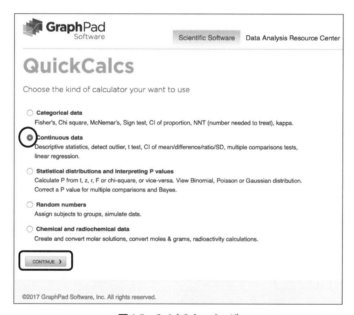

図 1.5　QuickCalcs ページ

2.「Analyze continuous data」から「Grubbs' test to detect an outlier」にチェックを入れ、「Continue」ボタンをクリックします。

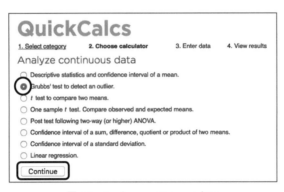

図 1.6　Analyze continuous data

3.「1. Choose significance level」で、有意水準 α を 0.05 または 0.01 とし、「2. Enter or paste your data」の空欄にデータを入力します。通常は、他のデータ表からコピー＆ペーストすると簡単です。「3. View the results」で「Calculate」ボタンをクリックします。

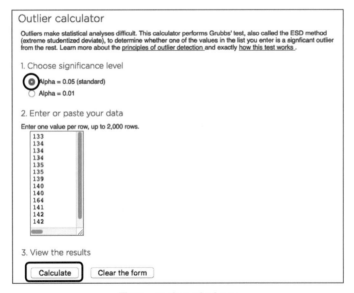

図 1.7　Outlier calculator

4.「Descriptive Statistics」に、平均値、標準偏差とともに外れ値があったかどうかの結果の「Yes」、有意水準 α = 0.05 のときの Z 値「2.411」が表示されています。また、その下の「Your data」には、入力したデータとともに外れ値の横に「Significant outlier, P < 0.05」と表示され、そのときの Z 値として 2.92 が計算されています。この値が、先ほどの 2.411 よりも大きいことにより有意差ありと判断されています。

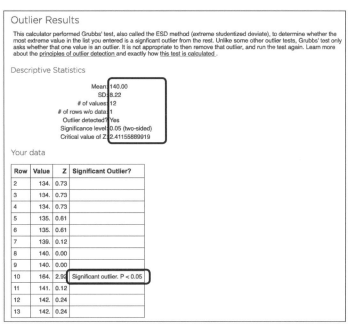

図 1.8　Outlier Results

1.10　標準偏差と標準誤差の違い

　標準偏差（standard deviation）と標準誤差（standard error、正確に言えば SEM: standard error of the mean）の違いというのも、きちんと把握している方は意外と少ないようです。単に、SEM で表した方がばらつきが少ないように見えると考えて、実験データのエラーバーの表示に SEM を用いる方も見えるようです。

[1] ばらつきの原因

　ある測定をする場合、その測定値には何らかのばらつきが入ってきます。ばらつきには、主に次の 3 つの原因があります。

（1）不正確さ、または実験誤差
　医学・生物学を扱わない統計学書では、ばらつきの多くは、不正確さから生まれるように記述されていることがありますが、医学・生物学研究においては、この要因によるばらつきは、比較的小さなものになります。

（2）生物学的変動
　ヒトばかりでなく、生物は互いに異なり個体差を持っています。また、これらを用いた研究では、日内変動、老化、行動や気分、食事の影響、など時間によって変化します。生物学的研究や医学研究では、この生物学的変動に基づくばらつきが大きな割合を示します。

（3）失敗
　過失や、測定機器等のトラブルなどもばらつきの原因となります。

　統計学では、これらばらつきの原因すべてを誤差（error）と呼んでいます。これに対し、実験者の先入観念だけでなく、系統的な誤差を生じさせるすべての要因のことを「バイアス」と呼んでいます。バイアスは、例えば、校正のされていない秤やピペット、プラセボ効果などによっても生じます。

[2] データとばらつきの表示

　データの分布を見る上で、ヒストグラムがよく用いられます。ヒストグラムを作成するには、それぞれのカラムの幅（階級幅）を決めなければいけません。広すぎると詳細が分からなくなり、狭すぎれば解釈しにくくなります。

　データ分布の中心を記述する方法として、平均値が広く用いられています。この平均値は、ヒストグラムの「重心」と等しくなります。一方、データの中心的傾向を記述する方法として、中央値（median）というものもよく用いられます。中央値を求めるには、得られた数値を順に並べ、その中央の値を見つければ良いことになります。中央値は、50パーセンタイル値と同じになります。データの分布が正規分布に近ければ平均値と中央値が近くなりますが、必ずしもこれらの値が等しいとは限りません。データの分布やばらつきを見る場合、図1.9Cの箱ヒゲ図や図1.9Dの散布図が視覚的に分かりやすいでしょう。
　では、図1.9のデータを用いて、グラフの表し方、ばらつきの表示の仕方を考えてみましょう。図1.9Aでは平均値と標準誤差、図1.9Bでは平均値と標準偏差、図1.9Cでは中央値、四分位数と10〜90％のパーセンタイル値を示しています。図1.9Cまたは図1.9Dより、正規分布に近いと思われるD群の代表値である平均値と中央値は近い値を示していますが、B群

のように、測定値が0付近と300付近のみにあるような場合には、図1.9Aや図1.9Bでは、測定値のない真ん中あたりが代表値である平均値となり、図1.9Cでは、測定値の中央値は0付近にあることになります。このような測定値のばらつきを持つ場合、測定値は正規分布に従わない可能性があります。パラメトリック検定（Tukey's Multiple Comparison Test）をした場合には、A群とE群、B群とC群、C群とE群の間に統計学的な差が見られますが、ノンパラメトリック検定（Dunn's Multiple Comparison Test）を行った場合には、C群とE群の間にのみ統計学的な有意差が出ています。このような場合、代表値としては何が適切か、統計方法としてはどちらが適切かを判断する必要があります。

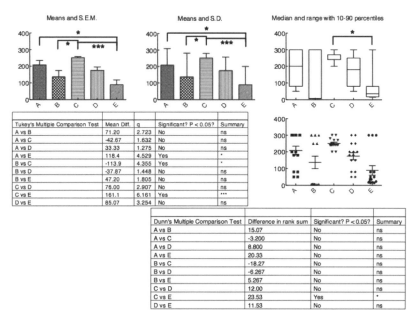

図1.9　グラフの表し方とばらつきの表示の仕方

[3] 標準偏差と標準誤差

　標準偏差（SD）は、サンプルの分布の広がりを示すパラメータ、すなわち、サンプル群の平均値を中心として、個々のサンプルの値がどの程度平均値の近くに集まっているかを示しています。ここには「母集団の平均」との比較という考えはまったく関与していません。ガウス分布（正規分布と同じ）の項でも説明をしますが、平均値μが中央にあり、分布の広がりを示す標準偏差（SD）σが示されます。平均値から$\pm\sigma$の範囲に全体の68.3%のデータが存在し、$\pm 2\sigma$以内には、95.5%のデータがこの範囲に入ります。サンプルの分布が平均値の近くに集まっていれば、標準偏差は小さくなります。サンプルの値が負の値を取り得ないとき、標準偏差を計算したら負の値になることがあります。この場合は、サンプルの分布が正規分布をしていないことが考えられます。データを平均値と標準偏差で表したり、パラメトリックの検定を用

いる前提として、データの分布が正規分布をしていることとなっているのは、このためです。それでは、標準誤差とは何なのでしょうか。

標準誤差（SEM）は、母集団の平均値（真の平均値）がどの範囲にあるのかを示すものです。ご存知のように、標準誤差は、標準偏差の値をデータ数の平方根で割った値で表されます。したがって、データ数「N」が大きければ大きいほど SEM は小さくなります。例をあげて考えてみましょう。ある母集団から 5 個のサンプルを無作為に選び、その平均値を計算することにします。この計算を何度も繰り返しその平均値の分布を取りますと、母集団の平均値（通常母集団のデータ数は非常に大きいか未知なので、測定不能）を中心とした、ある広がりを持った正規分布になります。次に、1 回に選ぶサンプル数を 10 個に増やし、同様に平均値の分布を取ると、その分布は、やはり母集団の平均を中心とした、より幅の狭い正規分布になります。このようにして、1 回に選ぶサンプル数を増やしていくと、その平均値の分布は、どんどん母集団の平均値を中心とした狭い範囲に集約されていきます。すなわち、サンプル数が多ければ多いほど、サンプルの平均値が母集団の平均値に近くなることが分かります。したがって、平均値 ± SEM というのは、母集団の平均値が、この範囲にあるだろうことを意味していることになり、SEM が小さいということは、より母集団の平均値に近い値ということが言えます。

では、どのような場合に、どちらを使えば良いのでしょうか。残念ながらこの使い分けははっきりとしておらず、研究者によっても考え方が異なる場合があります。それぞれの意味を考えるならば、母集団の平均値の予測に重点を置きたい場合（母集団の平均値に意味がある場合）には SEM を使い、各群間の比較をパラメトリックテストで行いたい場合には、SD を使用するのが自然だと思います。どちらを用いても得られた統計結果に違いはありません。

[4] 標準偏差とは

標準偏差と一口に言っても、2 種類あるのをご存知でしょうか。ここではあえて計算式は示しませんが、計算式の分母を例数「N」で割るものと、「N－1」で割るものがあります。これは、どのようなサンプルの標準偏差を計算しようとしているのかによります。

(1) 母集団全体の測定をし、標準偏差を求める場合：分母を「N」で割る。
(2) サンプル集団の標準偏差を求める場合：分母を「N－1」で割る。

母集団全体を測定することは、現実的にはあまりないと思われますので、通常は、分母を「N－1」で割ったサンプル標準偏差を用いることになります。統計を用いれば、サンプルを測定することによって、母集団全体を推定することができることになります。

ちなみに、平均値はどのように計算するのでしょうか。すべてのデータの値の合計をデータ数 N で割れば良いという答えが返ってくると思いますが、なぜ N で割るのでしょうか。平均値は、数学的には合計値を自由度（df：degree of freedom）で除したものと定義されています。

サンプル平均は、N 個の観測値のそれぞれに、任意の数値を仮定することができるため、その自由度は N となります。そこで、すべてのデータの合計をデータ数 N で割れば、平均値を求めることができることになります。

サンプル分散は、データのサンプル平均からの偏りを 2 乗したものの平均です。これは、自由度として N − 1 を持つことになり、サンプル分散の平方根がサンプルの標準偏差ですから、「分母を N − 1 で割る」ことになります。

電卓に内蔵されている計算式で標準偏差を求める場合、その標準偏差が母標準偏差なのかサンプル標準偏差なのか分からずに使っている場合があります。「120、80、90、110、95」の標準偏差が、15.97 ならばサンプル標準偏差を計算しており、14.28 ならば、母標準偏差を計算していることになります。サンプル標準偏差は、母標準偏差に (N / (N − 1)) の平方根を乗ずることで求められます。（表計算ソフト、エクセルでは、サンプル標準偏差を STDEV という関数で、母標準偏差を STDEVP という関数で表しています。）以下、特別な場合を除き、標準偏差は、サンプルの標準偏差を指すものとして話を進めます。通常、臨床研究や実験的研究では、この標準偏差を用います。

1.11 両側検定と片側検定の違い

「両側検定か片側検定か、どちらを使うべきか？」ということも、分かりにくいところです。論文には、「両側検定により対応のない t 検定を行った」とか「unpaired 2-tailed t-test was used」などと書かれており、片側検定を使っている例は、非常に少ないように思われます。前述の「1.5「統計学的に有意」とは？」の節で、どのような帰無仮説を立てるのかによって、どちらの検定を使うのかが決まることを述べましたが、例を使って考えてみましょう。

高脂肪食が好きな男性 10 名と菜食主義者の男性 10 名の血中コレステロール値を測定し、その違いを t 検定で比較することにします。帰無仮説を「高脂肪食好きでも菜食主義でも、血中コレステロール値には差がない」とすると両側検定を行うことになり、危険率 5 % の場合は、危険率を上下 2.5 % ずつに割り振ることになりますので、自由度が 18 だと、t 値が +2.101 より大きいか、−2.101 より小さい場合に、$p < 0.05$ となることになります。

一方、高脂肪食を摂っていないのに、血中コレステロール値が高くなることはないと考え、帰無仮説を「菜食主義者の血中コレステロール値の方が、高脂肪食好きの血中コレステロール値よりも高い」としたらどうでしょうか。この場合、正規分布の低値の方、すなわちコレステロール値が「菜食主義者 > 高脂肪食好き」ということは考えなくてもすみますので、危険率の 5 % は、高い方の値だけに割り振れば良いことになります。このように片側検定のときは、t 値が 1.734 以上であれば $p < 0.05$ となり、有意差が出やすくなります。

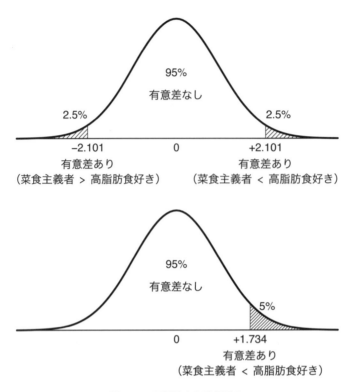

図 1.10　両側検定と片側検定

　この例の場合、菜食主義者の方の血中コレステロール値が高くなるようなケースはないのでしょうか。遺伝的な体質の問題があるかも知れませんし、菜食主義者のコレステロール代謝に問題があるかも知れません。ある薬の効果を調べるため、その作用をプラセボと比較を行う場合、実薬よりもプラセボの方が優れた効果が出ると仮定することはまずありえません。しかし、通常は片側検定でも良いと考えられる例でも、片側検定で統計処理がされているケースはあまりありません。その理由には、実薬であっても何らかの作用（2次的な作用など）により、プラセボよりも効果が低くなってしまう可能性も捨てきれないということがあります。また上記のように、片側検定では同じデータ数でも有意差が出やすくなりますので、薬の安全性、有効性に重きを置く審査員からは好まれない傾向があるということもあるようです。このように、帰無仮説の立て方の違いによって、同一の研究結果が、一方では「有意差あり」と判定され、もう一方では、「有意差なし」と判定されると、いくつかの研究結果を比較・評価するときに分かりにくくなってしまいます。したがって、両側検定か片側検定かどちらを使用するのかという問に対しては、両者の意味の違いを理論的に理解した上で、あえて両側検定を用いておくのが無難ということになるでしょう。間違っても、「もう少しで有意差が付きそうだから、片側検定にしておこう」などと考えないようにしてください。

1.12　95％信頼区間とは？

　一般に区間推定を行う場合、95％信頼区間（95％ confidence interval : 95％ CI）が標記されている場合があります。これは何を意味するのでしょうか。母集団にある真の値を100％確実に含んでいる範囲を求めようとすると、非常に広い範囲を設定する必要があります。そこで、より分かりやすいように、また、その範囲からある程度のデータの範囲を知るために、「95％信頼区間」を求めます。

　この範囲は、母集団の真の値を含んでいることは95％確実であること、言い換えれば、母集団の真の値を含んでいない確率が5％あることを意味します。この誤差範囲は、サンプルサイズに依存し、データ数が少なければ広くなり、多ければ狭くなります。また、95％信頼区間とは、「この範囲内に真の値を含む確率が95％である」ことを意味するのではありません。ある決まった値があるのですから、この区間内にその値が存在するのかしないのかであって、その存在確率を示すものではありません。したがって「データがあるとき、その信頼区間を計算すると、95％のデータの信頼区間には真の値が含まれ、5％のデータの信頼区間には、真の値が含まれていない」ことを意味することになります。すなわち、**無数に存在しうる信頼区間のうち、真の母平均を含んでいるものが95％ある**ということになります。

　さて、ある薬で治療を行った28名の患者のうち6名に、ある副作用が認められたとします。副作用の発現率は、6 / 28 = 0.2143、すなわち21.4％の患者に副作用が認められたことになります。この95％信頼区間はどのくらいでしょうか。この例では、0.052から0.376までになります。また、信頼区間の両端を、信頼限界（confidence limit）と呼んでいます。

　信頼区間を解釈する上で重要な問題は、以下の4点が考えられます。

（1）サンプルは母集団からランダムに抽出されたものである。
（2）すべてのサンプルが同じ母集団から抽出され、それらが互いに独立した観察である。
（3）正確な評価がなされている。
（4）実際に知りたい事象の評価がなされている。

これらの前提があって始めて95％信頼区間は妥当性を持ってきます。

1.13 ガウス分布

対称性の釣り鐘型の分布は、ガウス分布（Gaussian distribution）と呼ばれます。統計学では、正規分布（normal distribution）と呼ばれているものと同じものです。図 1.11 に示すように、平均値 μ が中央にあり、標準偏差（SD）σ が表示されています。標準偏差は、分布の広がりを示す指標になります。この中央の影の部分、すなわち (μ − σ) から (μ + σ) に囲まれた曲線下面積（area under the curve）は、平均値から 1σ 以内の範囲で、全体の 68.3 ％ を占めています。また、値の大部分は、2σ 以内に存在し、薄い影の部分まで含めると、全体で 95.5 ％ がこの範囲に入ります。ちなみに、3σ の範囲には、99.7 ％ の値が存在することを意味しています。ガウス分布における値の 95 ％ は、平均値から 1.96σ 以内に存在します。母集団から新しく得られた値を 95 ％ 確実に含む範囲を予測範囲（prediction interval）と呼んでいます。

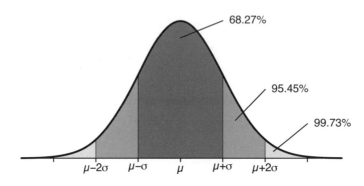

図 1.11　ガウス分布（正規分布）と標準偏差

[1] t 分布とは

平均値と標準偏差が既知のガウス母集団を仮定します。この母集団から大きさ N のサンプルを数多く集めます。それぞれのサンプルについて、サンプル平均と標準偏差を計算し、次式によって定義される比を求めます。

$$t = \frac{\text{サンプル平均} - \text{母平均}}{\text{サンプル標準偏差}/\sqrt{N}} = \frac{m - \mu}{\text{SEM}}$$

サンプル平均が母平均よりも大きいか小さいかは、同じ確率となるので、t の値が正か負かも同じ確率になります。したがって、t 分布は、$t = 0$ を中心とした対称性になります。t 分布はガウス分布と似ていますが、t 分布の方が幅が広くなります。サンプルサイズが大きくなるにつれてガウス分布に近づきます。

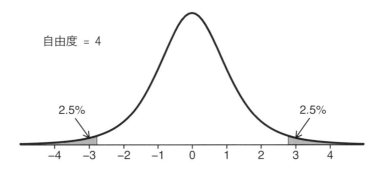

図 1.12 t 分布

　図 1.12 には、自由度（df）が 44 の場合の t 分布を示してあります。分布の両端、2.776 以上と −2.776 以下のすべての t の値のところに影が付けてあります。ガウス分布する母集団からランダムに抽出されたサンプル（N = 5）の場合、t の値が −2.776 から 2.776 の間に存在することが 95 % 確実であることを示しています。両側の p 値、この例では 5 %（0.05）は、帰無仮説の基に、可能な実験すべてのうち、$t > 2.776$ あるいは $t < -2.776$ となる割合になります。したがって、$t = 3.2$ の場合、自由度 4 における限界値 2.776 よりも大きいので、p 値は 0.05 未満になり、有意な差ということになります。

　t 分布は自由度（df）の数に依存しますので、自由度が大きい、すなわち、サンプルサイズが大きくなれば t 分布の幅は狭くなり、実質的にガウス分布と同一になります。

第1章　間違った統計手法を使わないために

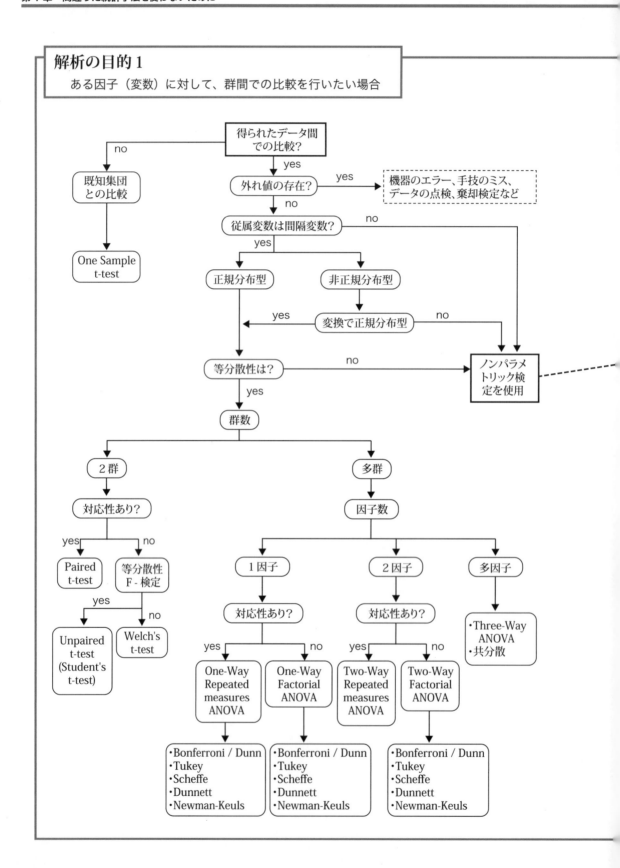

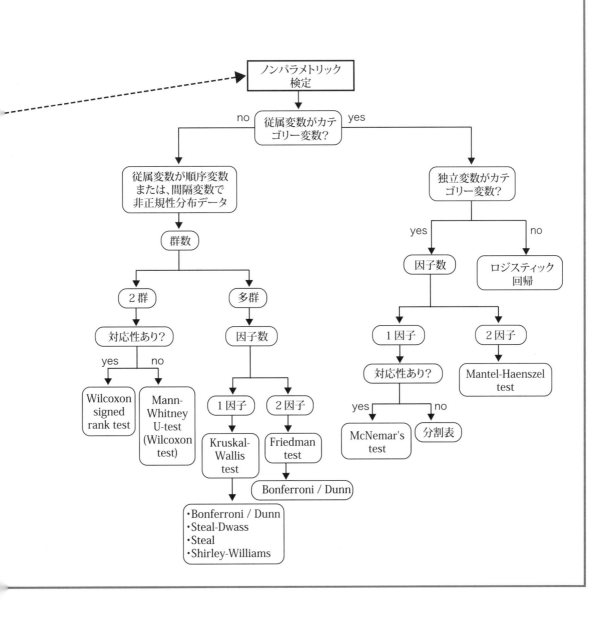

第1章　間違った統計手法を使わないために

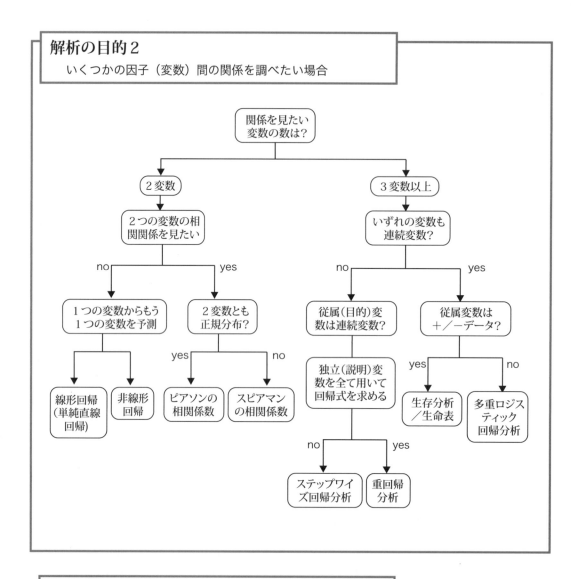

第2章

GraphPad Prism 7 クイックツアー

　Prism の基本的な使い方を理解するために、GraphPad 社が提供している GraphPad Prism 7「How to learn Prism」（http://www.graphpad.com/guides/prism/7/user-guide/index.htm?how_to_learn_prism.htm）のデータを利用して、このソフトのクイックツアーを始めていきましょう。このツアーで GraphPad Prism でできることや、その基本的な使い方の概略が分かります。GraphPad 社では、このソフトウェアの使い方ガイド、非線形解析のためのガイドなど、非常に有用なマニュアルを提供しています。データ解析についても、詳しく説明がありますので、ぜひ参考にしてください。

- **Getting started with GraphPad Prism**
  - A brief tour of Prism
  - Essential concepts
  - Welcome dialog
  - Graph Portfolio
  - Tutorial Data Sets
  - The five sections of a Prism project
  - Adding new sheets to your project
  - Tips for using Prism
  - Differences between Windows and Mac versions

簡単なツアー（one page tour）の後、下記のようなそれぞれの詳細なツアー（longer detailed tours）を行うことができます。

図 2.1　GraphPad 社のホームページから

ステップ 1　GraphPad Prism を起動する

　この章では、Mac 版の Prism を用いてツアーを進めます。Prism を起動すると、次図に示すような「Welcome to GraphPad Prism」ダイアログボックスが現れます。ここで左側のメニューから、新規データ入力やグラフを作成したり（New table & graph）、以前に作成した既存のファイルを開く（Existing file）ことができます。Open a file には、以前に使用したフォルダ（Browse）やファイル（Recently Accessed Files）の履歴が記録されます。Clone a Graph では、以前に作成したグラフのフォーマットを利用して、同じ設定で新しいグラフが作成できます。Graph Portfolio では、色々なグラフの作成例が出ていますので、参考にしてください。

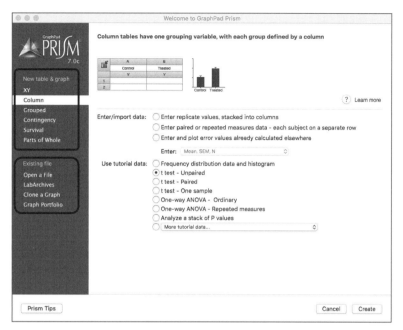

図 2.2 「Welcome to GraphPad Prism」ダイアログボックス（Mac 版）の表示例。
これ以降、本書では「Welcome 画面」と記載します。

ステップ 2　新しいプロジェクトの作成

　Prism では、最初に作成したいデータやグラフの種類を選択し、エラーバーに関する設定を行います。選択したグラフの種類に合ったデータシートが表示されるようになっています。Prism で利用できる手法としては、「New table & graph」に XY プロット（XY）、カラムプロット（Column）、グループプロット（Grouped）、分割表を用いた分析（Contingency）、生存分析 (Survival) およびパイチャート（Parts of whole）の 6 種類のタイプが用意されています。それぞれのタイプを選択すると、ダイアログ画面上部に、各カテゴリーのデータ入力テーブルの例と代表的なグラフが表示されます。同じグループのデータであれば、後からグラフの形式を変更することができます。例えば、折れ線グラフから棒グラフへの変更も簡単に行うことができます。グラフの種類、解析方法によってデータテーブルに入力する方法は異なります。データの入力方法が分からない場合や、それぞれの手法に合ったデータの入力方法が分からない場合は、「Use tutorial data:」を選択して参考にすることができます。

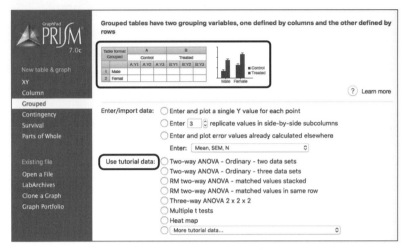

図 2.3 「Grouped」の設定

例えば、XY プロットでは、線形回帰（Linear regression）、様々な非線形回帰（Nonlinear regression）、用量 - 反応曲線（Dose-response curve）、相関関係（Correlation: Pearson or Spearman）、RIA や ELISA でのシグモイド曲線からの濃度推定（Interpolate unknowns from sigmoidal curve）、曲線スムース化（Smooth curve）や曲線下面積（Area under curve）など多くの解析が可能です。また、「？ Learn more」をクリックすると、それぞれのウェブサイトにリンクされており、詳細な説明、データシートへの入力の仕方などの例を参照することができます。

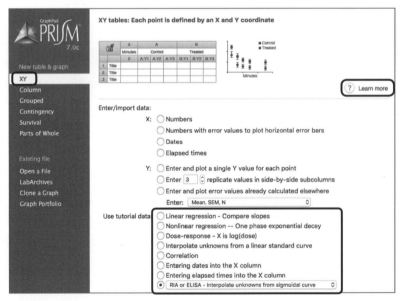

図 2.4 「XY」の設定

このツアーでは、まず、サンプルデータを用いて対応のない 2 群間の検定（Unpaired t-test）

を例に示しますが、空のデータシートにデータをキーボードから入力またはエクセル等からコピー＆ペーストすることもできます。「Choose a Graph」では、様々な形のグラフを視覚的にアイコンから選択することができますが、詳細はそれぞれの節で説明します。

　Prism を起動し、「New Project File」を選択して Welcome 画面が表示されたら、「New table & graph」の「Column」を選択し、画面右側の「Use tutorial data:」から「t test - Unpaired」を選択して「Create」ボタンをクリックします。

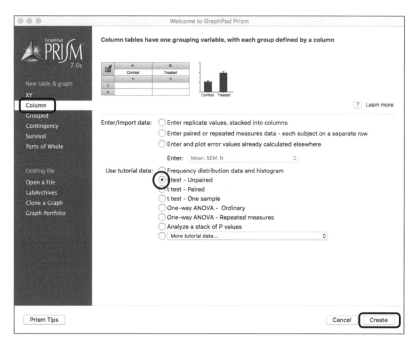

図 2.5　「Column」の設定（Unpaired t test の tutorial data を利用）

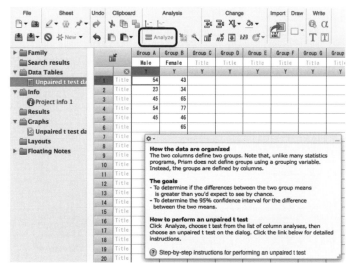

図 2.6　データの入力例

この時点で、すでにグラフが自動作成されています。試しに、画面左側のナビゲータで「Graphs」フォルダの「Unpaired t test」を選択すると、次図に示す画面が表示されます。ここでは「Cancel」ボタンが表示されないようですので、「OK」ボタンをクリックして次に進めます。

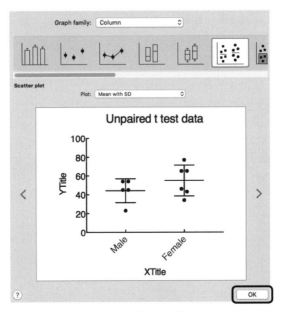

図 2.7　グラフの例

解析手法を実施するため、上部ツールバーの「Analysis」から「Analyze」ボタンをクリックします。解析手法を選択する画面がでてきますので、「Column analyses」から「t tests (and nonparametric tests)」を選択し、「OK」ボタンをクリックします。

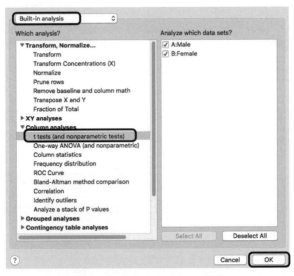

図 2.8　「Built-in analysis」の設定

「Experimental design」画面では、対応のない「Unpaired」にチェックを入れ、両群のばらつきに差がないと仮定し「Unpaired t test. Assume both populations have the same SD」にチェックを入れておき、最後に「OK」ボタンをクリックします。

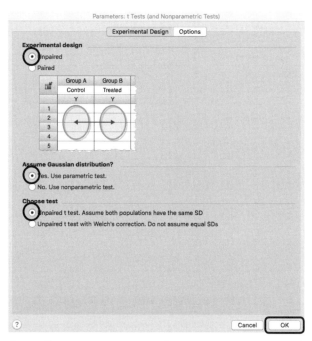

図 2.9 「Parameters: t Tests」の「Experimental Design」の設定

　ナビゲータの「Results」フォルダの「Unpaired t test of Unpaired t test」のところに、統計処理の結果が表示されます。結果の詳細な解釈を参考にしたい場合は、上部ツールバーの「Interpret」アイコンをクリックします。インターネットが繋がっていれば、GraphPad社の関連資料にリンクされています。Windows版では、フォントの設定によっては「±」が「}」と文字化けすることがあります。

第 2 章　GraphPad Prism 7 クイックツアー

図 2.10　計算結果

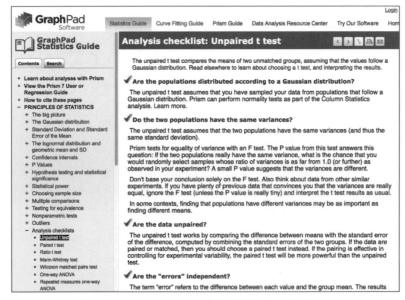

図 2.11　Unpaired t test における解析チェックリスト

　自動作成されたグラフを確認するには、ナビゲータの「Graphs」フォルダの「Unpaired t test data」をクリックすると、作成されたグラフが表示されます。ここで、作成できる様々な種類のグラフのアイコンが表示されていますので、目的にあったグラフアイコンを選択します。例えば、上部グラフメニューから棒グラフを選択し「OK」ボタンをクリックすると、すぐに棒グラフに変更されます。このとき、誤差の表示を変更することも可能です。

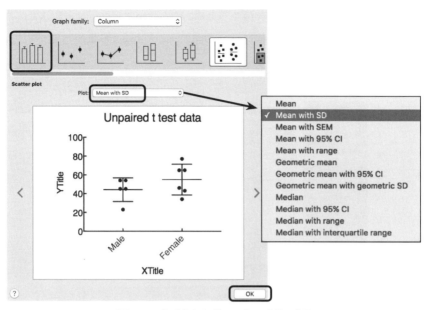

図 2.12　作成されたグラフ表示形式の変更

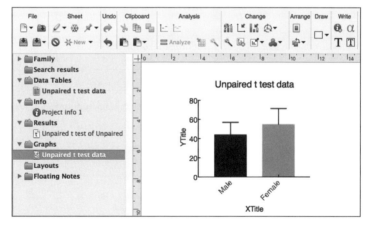

図 2.13　変更されたグラフ

　もう 1 つの例として、このツアーでは、XY プロットを使って繰り返しが 3 回あるデータの非線形解析をすることにします。

　ここでは Prism の標準的な使い方を示しますが、上級者の方は、テンプレート（prism script）を作成することにより、自分の目的に合った解析やグラフの作成を自動化することもできます。

XYプロット（今回は解離曲線）を作成するため、「New table & graph」の「XY」を選択し、「Use tutorial data:」から「Nonlinear regression -- One phase exponential decay」を選択し「Create」ボタンをクリックします。

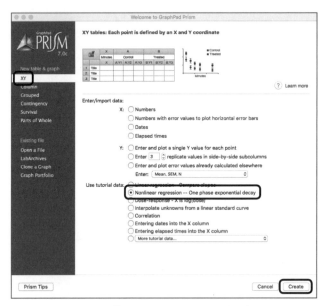

図 2.14　「XY」から tutorial data を選択

Tutorial data を使わない場合は、「Enter/import data:」の「X:」から「Numbers」を、「Y:」（Y軸）から「3」回の操作の繰り返し、すなわち「Enter [3] replicate values in side-by-side subcolumns」を選択します。

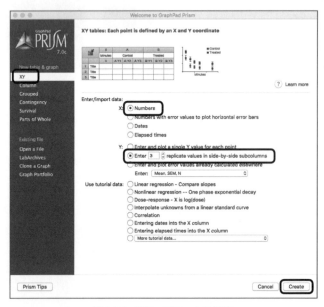

図 2.15　「XY」プロットの設定

「Create」ボタンをクリックすると、図 2.16 のようなデータが入力されていない新しいデータシートが表示されます。左側のナビゲータを見ると、データ（Data Table）とそれに関する情報を入れるページ（Info）、計算結果（Results）、グラフ（Graphs）、レイアウト（Layout）などが階層的に表示されています。データの表はグラフやレイアウトとリンクされていますので、データを更新することにより、グラフなども自動的に更新されます。

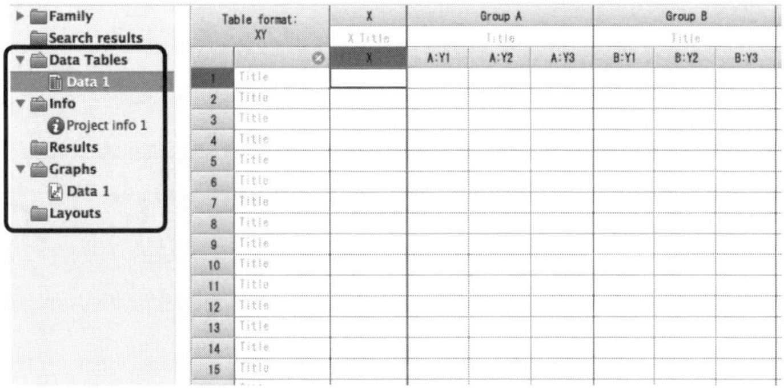

図 2.16　新しいデータシート

- 「Data Tables」フォルダ
  データをキーボード入力する場合、または、表計算ソフトなどからデータを取り込む場合には、まずナビゲータの「Data Tables」フォルダを選択します。

- 「Info」フォルダ
  実験条件や定数値など、結果のコメントなどメモとして記録しておくこともできます。

- 「Results」フォルダ
  統計計算の結果、曲線の適合性、データの操作（データ変換など）が保存されます。

- 「Graphs」フォルダ
  入力されたデータのグラフや予想曲線などのグラフが、自動的に作成されます。作成されたグラフは、後から編集したり、入力されているデータを元に新たなグラフを作成することができます。

- 「Layout」フォルダ
  作成したいくつかのグラフや、線画、表や説明文などを 1 ページに配置させることができます。

このナビゲータは、GraphPad Prism 画面の左に常に表示されており、どのようなデータシー

トやグラフシートなどがあるのか、いつでも見ることができます。また、画面下にも、同様の機能を持つアイコンが表示されています。枠のところには、「Data Tables」のデータ名が表示されます。どちらかのデータ名を変更すると、連動して表示されるデータ名が変更されます。

図2.17　ナビゲータに対応した下部のアイコン

ステップ3　サンプルデータを参考に、データを入力する

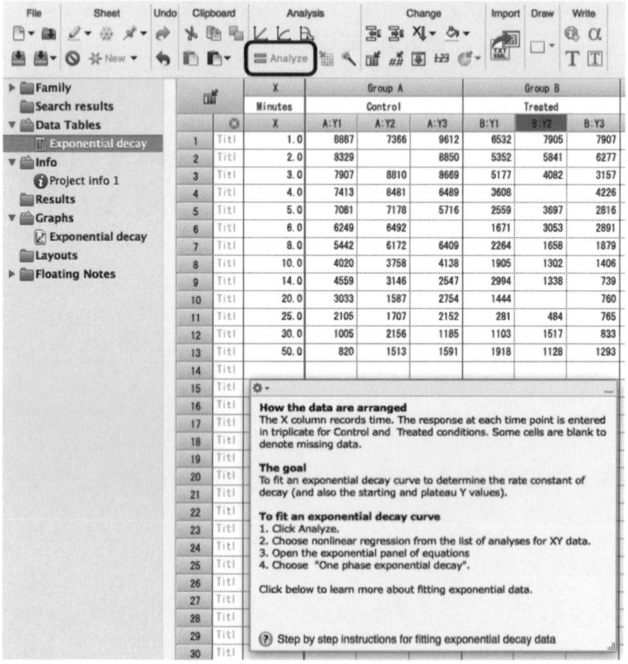

図2.18　データの入力

　エクセルなどの表計算ソフトで次図のような表を作っておき、コピー＆ペーストでGraphPad Prismにデータを貼り付けることができます。また、テキストフォーマットされたデータならば、上部ツールバーの「Import」ボタンを押すか、上部メニューバーの「File」から「Import Data...」を選択して入力したいデータを直接取り込むことも可能です。空白のセルは欠損値として適切に処理され、Prismで自動的に計算されます。

	A	B	C	D	E	F	G	H
1								
2		Minutes	Control			Treated		
3		1	8887	7366	9612	6532	7905	7907
4		2	8329		8850	5352	5841	6277
5		3	7907	8810	8669	5177	4082	3157
6		4	7413	8481	6489	3608		4228
7		5	7081	7178	5716	2559	3697	2816
8		6	6249	6492		1671	3053	2891
9		8	5442	6172	6409	2264	1658	1879
10		10	4020	3758	4138	1905	1302	1406
11		14	4559	3146	2547	2994	1338	739
12		20	3033	1587	2754	1444		760
13		25	2105	1707	2152	281	484	765
14		30	1005	2156	1185	1103	1517	833
15		50	820	1513	1591	1918	1128	1293

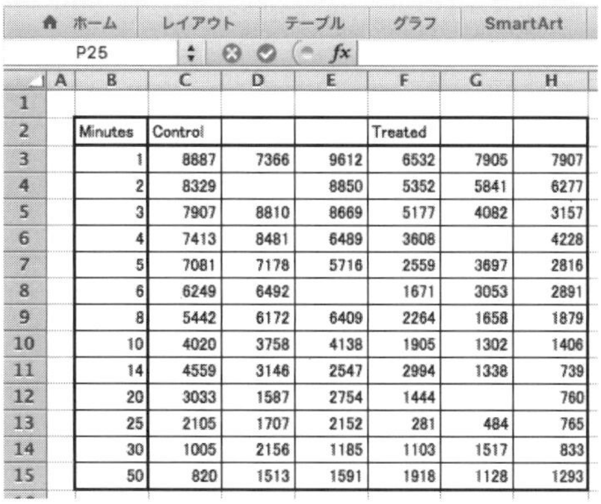

図 2.19　エクセルでのデータ表

画面上部の「Change」ボタンをクリックすると、各種の設定の変更やデータ、セル、行や列の追加、削除などを行うことができます。たとえば、「Change decimal format」のアイコンをクリックすると小数点の位置を変更することができます。通常は、最小の小数点の位置に、自動的に統一されます。

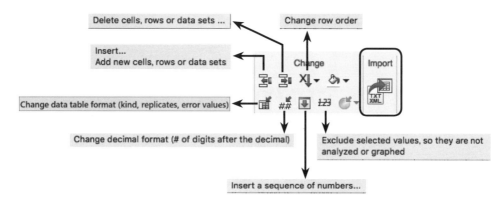

図 2.20　「Change」ボタンの機能

Prism では、各シートに自動的に名前が付けられますが、画面下のウィンドウ中の名前、またはナビゲータでシート名を変更することにより、対応するすべてのシート名を変更することができます。これは、データシートに限らず、結果シート、グラフシートなどでも同様に編集することができます。

また、Prism では自動的にグラフが作成されますが、そのときのグラフの初期設定は、上部ツールバーの「Prism」から「Preferences...」を選択し、「New Graphs」画面で設定しておくことができます。これらが初期設定となっています。

第 2 章　GraphPad Prism 7 クイックツアー

図 2.21　「New Graphs」の設定

ステップ4　グラフを作成する

　Prism では、入力されたデータを基に自動的にグラフが作成されます。ナビゲータの「Graphs」フォルダにある「Data 1」（Tutorial data では「Exponential decay」。デフォルトでは、Data Tables のファイル名と同一のファイル名になります）をクリックすると、作成されたグラフを見ることができます。

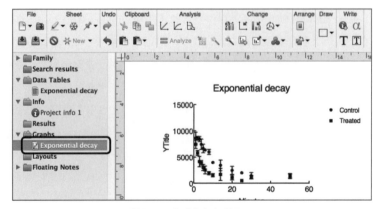

図 2.22　作成されたグラフ

48

ステップ5　データの代表値としての平均値と中央値の使い分けは？

　Prismには、様々な曲線の計算式が用意されており、簡単に非線形回帰を行うことができます。

　ナビゲータの「Data Tables」フォルダ内のデータシート、または、「Graphs」フォルダのグラフシートに切り替えます。次に、上部ツールバーから「Analysis」（解析）の中の「Analyze」ボタンをクリックします。「Analyze」ボタン上部の非線形回帰のためのアイコン ⊬ をクリックすると、直接、計算式を選ぶ画面に移動できます。

　ここでは、「XY analyses」から「Nonlinear regression (curve fit)」（非線形解析）を選択し「OK」ボタンをクリックします。

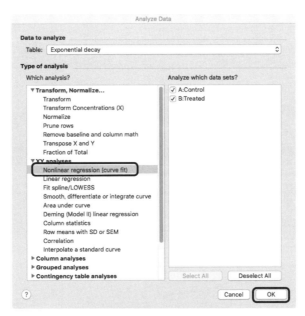

図 2.23　「Analyze Data」の設定

　この画面には、Prismに標準装備されている色々な計算式のリストが表示されます。目的にあった曲線を選択し、「OK」ボタンをクリックします。今回は、次の画面の「Exponential」から「One phase decay」を選択します（図 2.24）。他の計算式やユーザー定義の計算式については、第9章で触れたいと思います。

　ここで、右側画面の「Analyze which data sets?」では、分析したい項目のみにチェックを入れます。分析対象以外のものがある場合は、ここでチェックを外しておいてください。

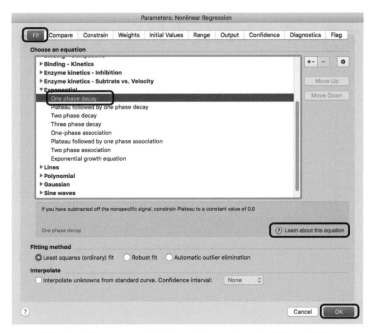

図 2.24　「Parameters: Nonlinear Regression」の「Fit」の設定

ここでヘルプ画面の「Learn about this equation」をクリックすると、この曲線を用いた非線形回帰に用いられる計算式などが表示されます。

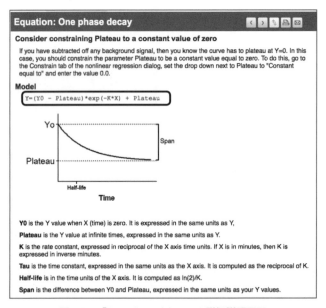

図 2.25　「One phase decay」の詳細説明画面

図 2.25 の説明にあるように、バックグラウンドシグナルを差し引くなど、プラトー相がない場合には、「Constrain」画面で、Plateau の項目の「Constant equal to」に「0」を入力し「OK」

50

ステップ5 非線形回帰（nonlinear regression）を行い、曲線を求める

ボタンをクリックします。

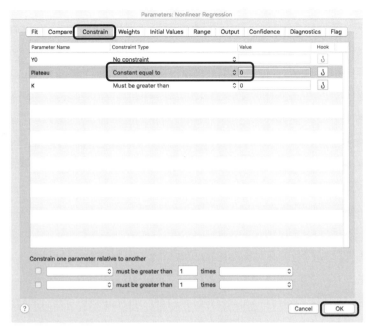

図 2.26 「Parameters: Nonlinear Regression」の「Constrain」の設定

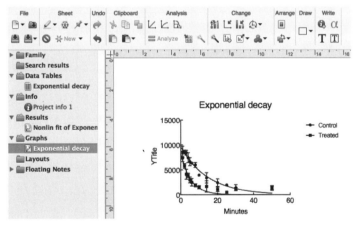

図 2.27 グラフシート

ステップ6　分析結果の表示

ナビゲータの「Results」フォルダに、自動的に分析結果のシートが作成されます。ベストフィットしたときのパラメータ値、標準誤差、95％信頼限界などが表示されます。

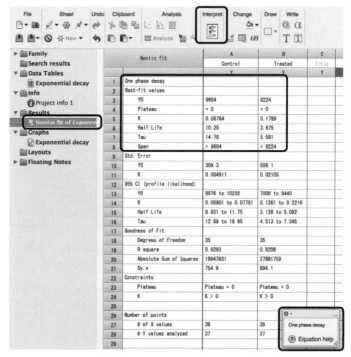

図 2.28　「Results」フォルダの計算結果シート

　Prismには、分析結果の解釈や詳細な解説などヘルプ機能がリンクされており、適宜参照することができます。メニューバーから「Help」を参照するか、図2.28のように、上部ツールバーの「Interpret」ボタンをクリックすることにより、GraphPad社のホームページから詳細な情報を得ることができます（https://www.graphpad.com/guides/prism/7/curve-fitting/index.htm?reg_analysischeck_nonlin_completed.htm）。また、One phase decayの計算式については、フローティング画面の「Equation help」をクリックすると、ヘルプ画面が表示されます。

Analysis checklist: Fitting a model

Your approach in evaluating nonlinear regression depends on your goal.

In many cases, your goal is to create a standard curve from which to interpolate unknown values. We've created a different checklist for this purpose.

More often, your goal is to determine the best-fit values of the model. If that is your goal, here are some questions to ask yourself as you evaluate the fit:

Curve

✔ **Does the graph look sensible?**

Your first step should be to inspect a graph of the data with superimposed curve. Most problems can be spotted that way.

✔ **Does the runs or replicate test tell you that the curve deviates systematically from the data?**

The runs and replicates tests are used to determine whether the curve follows the trend of your data. The runs test is used when you have single Y values at each X. It asks if data points are clustered on either side of the curve rather than being randomly scattered above and below the curve. The replicates test is used when you have replicate Y values at each X. It asks if the points are 'too far' from the curve compared to the scatter among replicates.

If either the runs test or the replicates test yields a low P value, you can conclude that the curve doesn't really describe the data very well. You may have picked the wrong model, or applied invalid constraints.

Parameters

✔ **Are the best-fit parameter values plausible?**

When evaluating the parameter values reported by nonlinear regression, check that the results are scientifically plausible. Prism doesn't 'know' what the parameters mean, so can report best-fit values of the parameters that make no scientific sense. For example, make sure that parameters don't have impossible values (rate constants simply cannot be negative). Check that EC50 values are within the range of your data. Check that maximum plateaus aren't too much higher than your highest data point.

If the best-fit values are not scientifically sensible, then the results won't be useful. Consider constraining the parameters to a sensible range, and trying again.

✔ **How precise are the best-fit parameter values?**

You don't just want to know what the best-fit value is for each parameter. You also want to know how certain that value is. Therefore an essential part of evaluating results from nonlinear regression is to inspect the 95% confidence intervals for each parameter.

If all the assumptions of nonlinear regression are true, there is a 95% chance that the interval contains the true value of the parameter. If the confidence interval is reasonably narrow, you've accomplished what you wanted to do – found the best fit value of the parameter with reasonable certainty. If the confidence interval is really wide, then you've got a problem. The parameter could have a wide range of values. You haven't nailed it down. How wide is 'too wide' depends on the scientific context of your work.

✔ **Are the confidence bands 'too wide'?**

Confidence bands visually show you how precisely the parameters have been determined. Choose to plot confidence bands by checking an option on the Fit tab of the nonlinear regression dialog. If all the assumptions of nonlinear regression have been met, then there is a 95% chance that the true curve falls between these bands. This gives you a visual sense of how well your data define the model.

図 2.29　GraphPad 社のホームページから詳細な情報

すでに述べましたが、ナビゲータの「Graphs」フォルダ内のグラフシートをクリックすると、図 2.30 のように計算式に適合した曲線が自動的にグラフ中に作成されています。なお、Nonlinear regression（この例では One phase exponential decay）の解析をしないと、解析に従った曲線は表示されません。

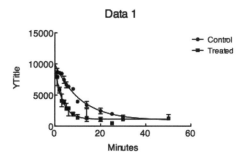

図 2.30　作成されたグラフ

ステップ7　グラフのカスタマイズ

　Prism では、標準誤差を表示させるのに特別な操作を必要としません。繰り返しデータがある場合に、Prism が自動的にデータの平均値とその標準誤差（mean ± S.E.M.）をグラフに表示します。自動作成されたグラフの変更したい部分をダブルクリックすると編集画面が出てきますので、それぞれの設定を変更することにより、簡単にグラフを編集することができます。

　また、グラフの線、シンボルをダブルクリックすることにより、シンボルの形、大きさ、色、グラフの線の太さ、形、色など、また、標準誤差などの形、太さなど自由に変更することができます。また、すべてのグラフの設定を変更するときは、「Global」ボタンをクリックし、全データセットを変更するのか、選択したデータセットを変更するのか選択できます。

　ここでは、まず、Control 群の任意のシンボル（記号）をダブルクリックし、「Format Graph」画面を表示させます。次に、「Appearance」画面から「Show symbols」の「Color:」（色）を青に変更します。シンボルの形や大きさを変更しても構いません。

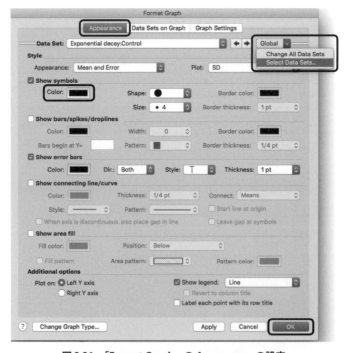

図 2.31　「Format Graph」の Appearance の設定

　同様に、「Data Set:」プルダウンリストから、もう一方のデータ群（Data 1: Treated）を選択し、色を赤に変更します。「Colors」画面のスポイトアイコンで、好きな色を画面から拾ってくることも可能です。

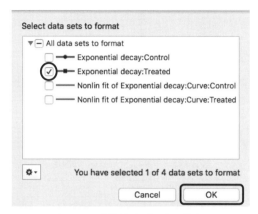

図 2.32 選択したデータの設定

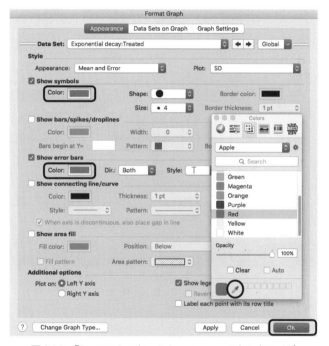

図 2.33 「Format Graph」の Appearance のカスタマイズ

　次に、グラフの説明、タイトル、軸の説明などは、カーソルを変更したいところに持っていき変更します。また、これらを移動するときは、移動したい部分の近くにマウスを持っていくとカーソルが両矢印 ⇔ に変わりますので、そのままドラッグ操作をすると、矢印の方向に移動することができます。

　新たに文章や直線、矢印など、また、図形を挿入したい場合は、上部ツールバーの「Write」または「Draw」内にある適切なアイコンをクリック（選択）し、グラフ中の挿入したい部分をクリックして入力します。

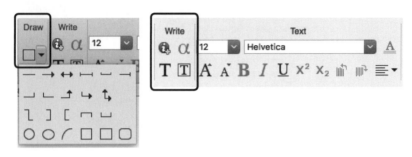

図 2.34 「Draw」、「Write」の設定

　太字、斜体、下線、上付き文字、下付き文字、また文字の大きさは、上部ツールバーの「Text」内にあるそれぞれ対応するアイコンをクリックします。また、ギリシア文字や、数学記号、特殊文字などを入力するには、「T」アイコンをクリックし、入力画面をクリックすると、上部ツールバーの「Write」内にある「α」アイコンがクリックできるようになるので、必要な文字を選択し「Insert」ボタンをクリックします。フォントの変更は、「Text」から、フォントの色を変更することも可能です。

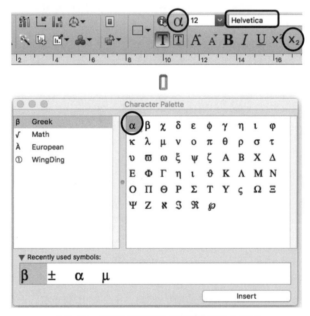

図 2.35　ギリシア文字など特殊文字の入力画

　できあがったグラフは、例えば、図 2.36 のようになります。

ステップ 7　グラフのカスタマイズ

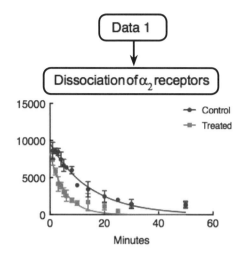

図 2.36　修正したグラフ（見出し「Data 1」を修正）

　軸の目盛りなどを変更するには、例えばグラフの Y 軸の辺りをダブルクリックすると現れる、図 2.37 のような編集画面で行います。グラフの形や大きさ、軸やフレーム枠の太さ、Y 軸、X 軸ごとに、対数目盛り、最小値、最大値の表示範囲、目盛りの間隔や数、軸を付ける場所（右側、左側など）などを変更できます。ここでは、「Automatically determine the range and interval」のチェックを外して、「Range」の「Maximum」（Y 軸の最大値）を「12000」に、「Regularly spaced ticks」の「Major ticks interval」（主目盛の間隔）を「2000」に設定し、「OK」ボタンをクリックします。

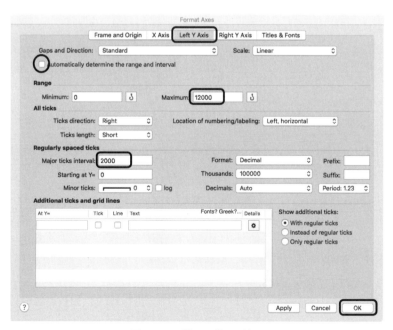

図 2.37　Y 軸の目盛りの修正

次に、上部ツールバーの「Change」内にあるカラースキームボタンをクリックし、グラフの背景色を変更します。

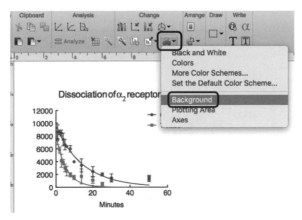

図 2.38　グラフの背景色の修正

カラースキームボタンの虫眼鏡アイコンを使って、任意の色を選択することもできます。

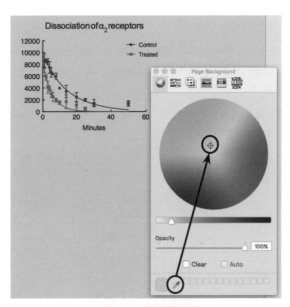

図 2.39　任意の色の選択

結果のシートから選択範囲をコピーし（Windows 版は Ctrl+C、Mac 版は ⌘+C）、グラフ内に貼り付けます（Windows 版は Ctrl+V、Mac 版は ⌘+V）。元のデータを変更すると、貼り付けられた内容も連動して更新されます。

	Nonlin fit	A Control Y	B Treated Y
1	One phase decay		
2	Best-fit values		
3	Y0	9604	8224
4	Plateau	= 0	= 0
5	K	0.06764	0.1789
6	Half Life	10.25	3.875
7	Tau	14.78	5.591
8	Span	= 9604	= 8224
9	Std. Error		
10	Y0	309.3	599.1

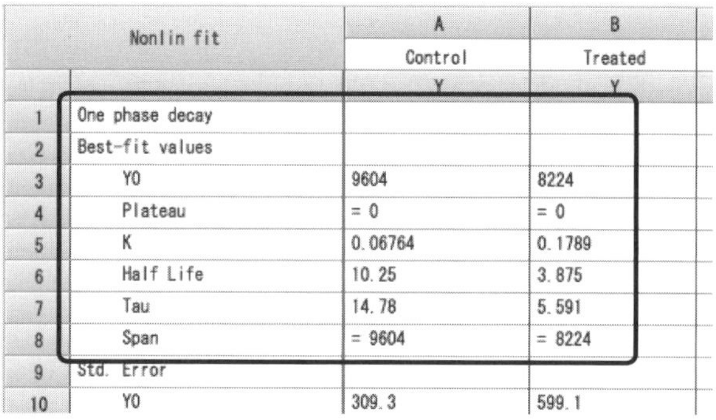

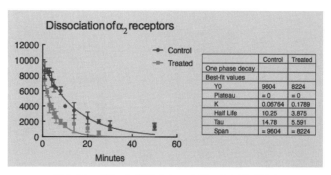

図 2.40　解析結果

図 2.41　グラフに結果のシートデータを貼り付け

ステップ8　転送、エクスポートと印刷

上部ツールバーの「Send」から、作成した図やレイアウトを異なるソフトウェアに送ることができます。Mac 版では Keynote や PowerPoint に送ることができますので、スライド原稿の作成にも利用できます。例えば、PowerPoint が起動していれば、自動的に新しいスライドとして追加されます。また、Windows 版では MS Word にも送ることができます。E メールや SNS サーバにファイルなどを送ったり、pdf ファイルに変換してファイルを送信することもできます。

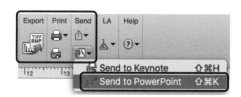

図 2.42 「Export」と「Send」

第 2 章　GraphPad Prism 7 クイックツアー

図 2.43　SNS サーバを介したグラフの共有

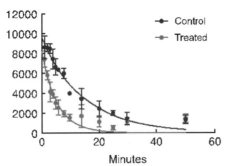

図 2.44　「Send」されたグラフ

　また、上部ツールバーの「Export」機能を使って、グラフをエクスポートできます。対応しているフォーマットは、Mac 版では pdf、eps、tif、jpg、png、bmp です。Windows 版では、この他に EMF、EMF+、WMF にも対応しています。必要なフォーマットを選択して「Export」ボタンをクリックします。

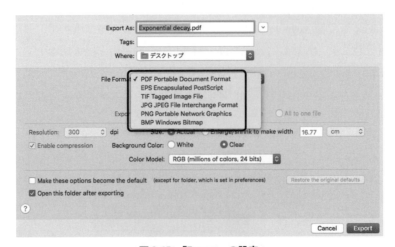

図 2.45　「Export」の設定

印刷には、上部ツールバーの「Print」ボタンを使います。上のアイコンは、印刷ダイアログを示しており、シート、セクション、プロジェクト全体を印刷することができます。また、下のアイコンでは画面上のシートを直接印刷します。

図 2.46　「Print」ボタン

ステップ 9　グラフの複製（クローニング、Cloning）

最初にも述べましたが、「Welcome to GraphPad Prism」の初期画面では、新たにグラフを作成したり分析するだけではなく、既存のデータから複製することができます。

画面上のプロジェクトファイル、最近使用したファイル、例として（テンプレートとして）作成したグラフなど、様々なグラフを複製できます。ここでは、現在作成中のグラフを複製して変更を加えてみます。

既存のプロジェクトに新たにデータシート（データテーブル）やグラフを追加したり分析をするには、上部ツールバーの「Sheet」の「New」ボタンをクリックして、「New Data Table With Graph...」を選択します。

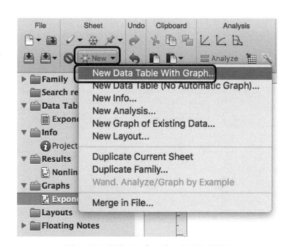

図 2.47　既存のプロジェクトに追加

「New Data Table and Graph」ダイアログボックスが現れるので、「Existing file」の「Clone &

Graph」を選択し、「Opened Project」タブから複製したいグラフをクリックします。最近使用したファイル（Recent Project）や例題（Saved Example）から複製することも可能です。最後に右下の「Clone」ボタンをクリックします。

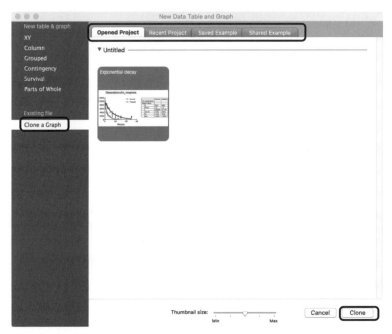

図 2.48　複製したいグラフの選択

　新規に複製されるグラフに、グラフのどの部分を利用するのかを選択します。この例題では、「Example Data」画面では、Y 値は削除し、X 軸の値と列の名称はそのまま利用することにします。また、「Example Data」画面で、名前（Title of the cloned table）を「Exponential decay clone」としておきます。「Subcolumn Format」画面では、Y 値は繰り返しがなく、X 列に対して 1 つの値（Single Y value）にチェックを入れておきます。最後に「OK」ボタンをクリックします。

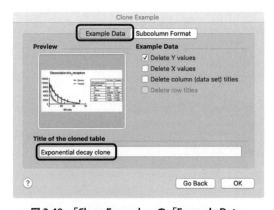

図 2.49　「Clone Example」の「Example Data」

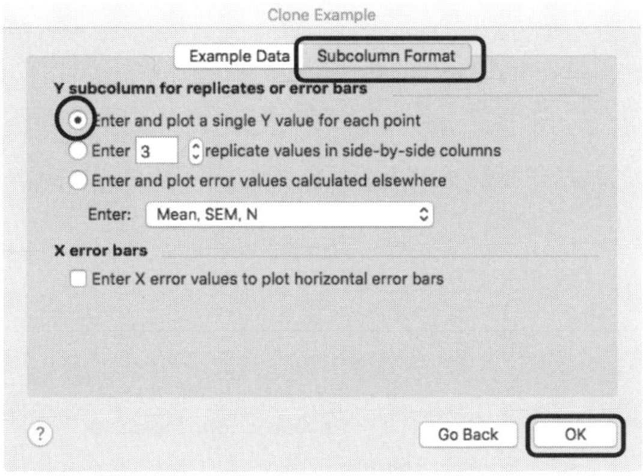

図 2.50　「Clone Example」の「Subcolumn Format」

Prism は、元のグラフの X 列と同じデータを持ち、Y 列が 1 つになった新規のデータシートを作成します。

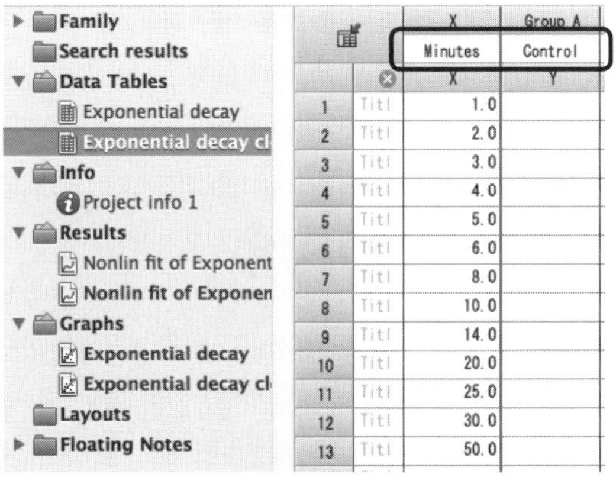

図 2.51　新規に作成されたデータシート

データシートには、例題にならって図 2.52 のようにデータを入力します。

		X	Group A
		Minutes	Control
		X	Y
1	Titl	1.0	9100
2	Titl	2.0	
3	Titl	3.0	
4	Titl	4.0	
5	Titl	5.0	6400
6	Titl	6.0	6300
7	Titl	8.0	4100
8	Titl	10.0	
9	Titl	14.0	3300
10	Titl	20.0	2200
11	Titl	25.0	
12	Titl	30.0	1000
13	Titl	50.0	200

図 2.52　データの入力

ナビゲータの「Graphs」の新規グラフのシート部分をクリックすると、新たなデータを元に、新しいグラフと「One exponential decay」に適合した曲線が作成されます。曲線の色、フォント、バックグラウンドの色など、オリジナルのグラフとまったく同じものを作成することができます。グラフに貼り付けられた分析結果の表も、新規のデータを元に再計算された結果が表示されます。

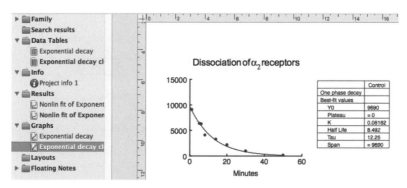

図 2.53　新規データのグラフと計算結果

ステップ 10　グラフの編集

簡単にグラフの編集の仕方を示します。Y 軸をダブルクリックして「Format Axes」画面を開き、左側 Y 軸（Left Y Axis）の「Scale」を「log 10」に変更します。Y 軸が対数値となり、近似曲線が直線に変わりました。

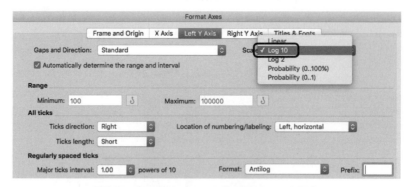

図 2.54　「Format Axes」で「Left Y Axis」を設定

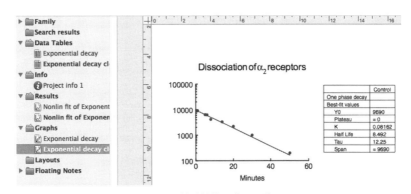

図 2.55　Y軸が対数目盛りのグラフ

　このグラフを、Prism Magic（Make Graphs Consistent）ツールを使って、最初に作成したグラフと同じ形式となるように作成してみます。形式を統一したグラフにしたいときなどに大変便利な機能です。上部ツールバーの「Change」の左下アイコン（Magic ボタン）を使って、他のグラフをこのグラフと同じ形式になるように（Make graphs consistent）します。

　まず、ナビゲータから2つ目に作成したグラフ（Clone of Exponential decay）を選択し、「Change」の左下アイコン（Magic ボタン）をクリックします。Magic 画面（Magic Step 1）が表示されるので、先ほど作成したグラフのサムネイルをクリックし、「Next >>」ボタンをクリックします。「Magic Step 1」画面の緑枠内に記述があるように、選択したグラフを、以前に作成した形式に適合させることになります。

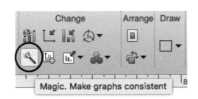

図 2.56　「Magic」ボタンを選択

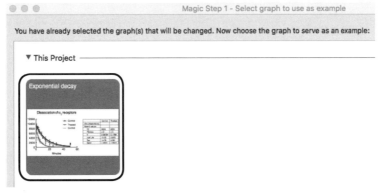

図 2.57　「Magic Step 1」画面

画面は「Magic Step 2」になり、右側上部の図（Original）が、変更後にその下の形式（With changes）になることを示すプレビューパネルが表示されます。左下の「Properties to apply」で現在のグラフに適用させたい項目にチェックを入れます。最後に「OK」ボタンをクリックします。

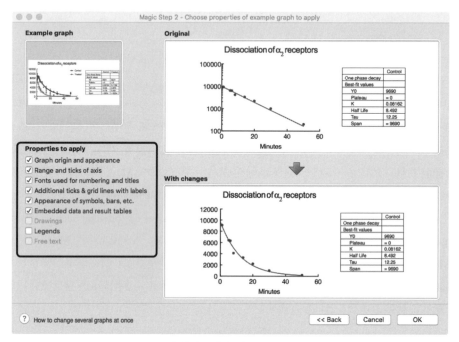

図 2.58 「Magic Step 2」

グラフは、最初に作成した形式と同じように変更されました。

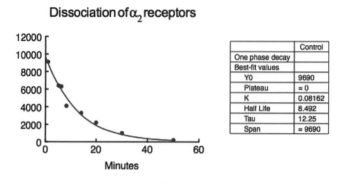

図 2.59 変更されたグラフ

ステップ 11　グラフのレイアウト機能

レイアウト機能を使って、複数のグラフを 1 ページに配置させることができます。上部ツールバーの「Sheet」の「New」ボタンから、「New Layout...」を選択します。

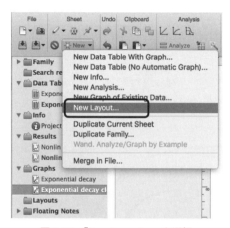

図 2.60　「New Layout...」を選択

「Arrangement of graphs」で、配置するグラフの数と並べ方を選択します。ここでは、「Page options」の「Orientation」（向き）を縦方向の「Portrait」として、上下に 2 つのグラフを配置することにします。最後に「OK」ボタンをクリックします。

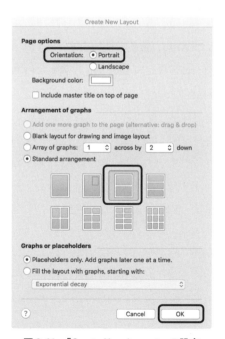

図 2.61　「Create New Layout」の設定

ナビゲータの「Layouts」フォルダをクリックし、レイアウトページを表示させます。その画面のまま、ナビゲータの「Graphs」フォルダから目的のグラフをレイアウト画面にドラッグ＆ドロップします。このとき、ファイル名から、またはそのサムネイルのどちらからでも操作が可能です。他のファイルに含まれるグラフを挿入したい場合には、ブラウズ機能を使います。

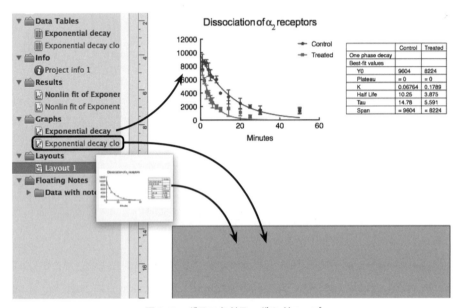

図 2.62　グラフをドラッグ＆ドロップ

レイアウト内に文字や矢印、画像を追加するなどの操作は、ステップ 7 でも述べましたが、上部ツールバーの「Draw」や「Write」機能を使います。複数のグラフのサイズ変更、位置揃えを行いたい場合には、上部ツールバーの「Arrange」機能を利用します。

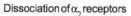
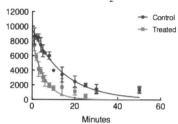
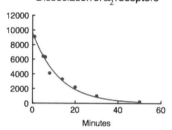

図 2.63　レイアウトの修正をしたレイアウト

ステップ12　自動リンク機能と更新機能

　Prism では、「Data Tables」フォルダのデータ、「Info」の情報シート、「Results」フォルダの結果シート、「Graphs」フォルダのグラフと「Layouts」フォルダのシートがすべてリンクされており、データを修正・変更すると、自動的にリンクした分析を再実行し、グラフを再描画します。分析結果も更新されますので、最終的なグラフの基となったデータおよびその解析結果が、常に対応した状態で保存されます。また、グラフのフォント、色やサイズなどを編集すると、リンクしたレイアウトの図が自動的に更新されます。実験の生データの保存などが問題となる事例が生じていますが、データの管理がとても楽になります。

ステップ 13　ノート追加機能、他、便利な機能

　Prism には、作業を効率的に行うためのツールや情報交換などに便利なツールが用意されています。

　ナビゲータでフォルダをクリックすると、右側の画面にフォルダに含まれるシートがサムネイルで表示されます。このサムネイルを選択、指定して、エクスポート、印刷、Magic 機能を使ったフォーマットなどを行うことができます。

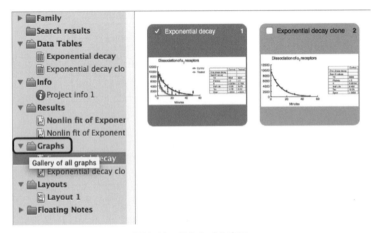

図 2.64　サムネイル表示

　Info フォルダにある Project info の情報は、個々のデータシートやプロジェクト全体にリンクできます。このシートには、構造情報、プロジェクトに関する詳細情報を入力します。左側の列に定数名、右側の列に値を入れておくと、定数として入力した値を固定（フック、Hook）できるので、この値を使って、非線形回帰における制限条件、データの変換、軸の範囲や軸目盛りの位置として利用することができます。例えば、非線形解析の初期値設定の画面で「Hook」ボタンをダブルクリックすると、情報シートも含め、固定しておきたい定数値として、ホットリンクさせることができます。この値を変えることにより、自動的に計算が処理されます。

　また、右側の「Notes」のところには、実験条件や計算式など、日本語で記録を入れておくことができます。文字化けした場合には、文字化け部分を選択し、Notes の内部でマウスの右ボタンをクリックするとメニューが現れ、そこで日本語フォントを選択すると表示することができます。

ステップ13 ノート追加機能、他、便利な機能

図 2.65 「Project info 1」

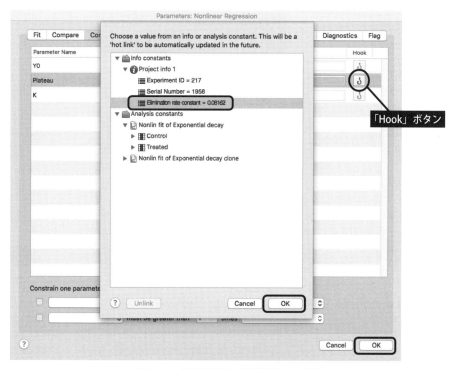

図 2.66 非線形解析の初期値設定の画面

下部ツールバーのピンポンアイコン（卓球ラケットと球）では、最後に使った2つのシートを交互に表示できます。2つのシートを比較したり、参照したりする場合に便利な機能です。

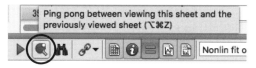

図 2.67 ピンポンアイコン

ハイライト機能は、上部ツールバーの「Sheet」内の左上のアイコン（ラインマーカー）を使います。重要なシートなど、強調表示させることができます（図の囲みは、強調されているところを示しています）。

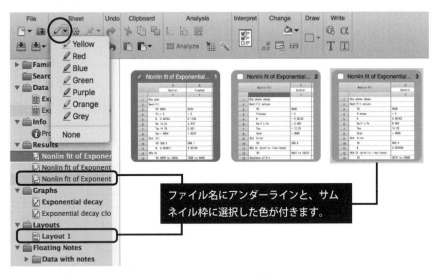

図 2.68　ハイライト機能

フローティングメモは、上部ツールバーの「Sheet」内の右上のアイコン（鋲のアイコン）を使います。シートに種々のメモ情報を残しておきたい場合などに利用でき、日本語入力も可能です。メモの色を変えたり、ハイパーリンク設定も可能です。メモの左上にある歯車アイコンをクリックすると、設定項目が表示されます。なお、このメモは、印刷またはエクスポートの際には出力されません。

日本語文字が文字化けする場合は、上部メニューバーの「Edit」から「Preferences」を選び、「View」画面の「Default Font」で日本語フォントを設定してください。また、フローティングメモなどの文字化けしている部分を選択し、上部ツールバーの「Text」で日本語フォントにしてください。

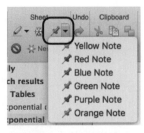

図 2.69　フローティングメモ

ステップ13　ノート追加機能、他、便利な機能

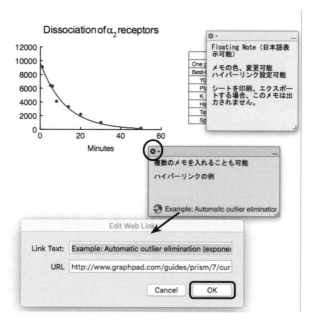

図 2.70　フローティングメモを付けた例

第3章

パラメトリック検定

3.1 母集団の平均値との比較：One Sample t-test

[1] 帰無仮説

サンプルの平均値を m、既知の母集団の平均値を m_0 とすると、帰無仮説は以下のようになります。

$H_0: m = m_0$

[2] 使用条件

1. 集団の平均値は既知で、正規分布をしている。
2. 従属変数は、原則として正規分布をしている間隔変数である。

母集団の平均値が明らかなとき、収集したサンプルデータの平均値を母集団と比較したいときに用います。

第 3 章　パラメトリック検定

> **例題**
>
> 日本人成人男性の平均身長は 171.2 cm である。この春、バレーボール部に入部した学生の身長を調べた。この学生の身長が日本人成人男性の平均身長と異なるのかどうか調べたい。
>
> 1. 独立変数：1 群からなるサンプルデータなので、必要ない。
> 2. 従属変数：バレーボール部に入部した学生の身長（間隔変数）。
> 3. 帰無仮説：バレーボール部に入部した学生の身長は、日本人成人男性の平均身長と等しい。

[3] 統計処理

1. 新しいプロジェクトの作成

　Welcome 画面で「New Table & graph」の「Column」を選択し、新規にデータを入力または、エクセル等からデータを入力する場合は、「Enter/import data:」の「Enter replicate values, stacked into columns」を選択します。入力方法が分からなければ、「Use tutorial data:」の「t test - One sample」を選択すると入力されたサンプルデータが出てきますので、入力の仕方の参考にできます。表の列データが、グラフのそれぞれの群のデータに相当します（図 3.1 上部参照）。最後に、「Create」ボタンをクリックします。

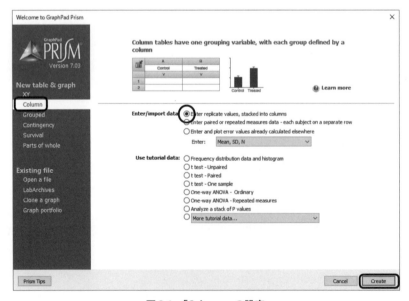

図 3.1　「Column」の設定

2. 新規データの入力

Group A に、サンプル集団の個々のデータを入力します。データを入力したら、「Analyze」ボタンをクリックします。Group A の下の欄には、グループ名を入れることができ（日本語表記可能）、グラフのグループ名に反映されます。

日本語表記について、Windows 版では Preference でフォント設定をしておかないと正常に表示できないようです。データの表示では「View」タブの「Default font」を、グラフの表示では「New Graph」タブの「Fonts」を日本語フォントに変更しておきます。

図 3.2　データの入力

3. 入力データの解析

「Analyze」ボタンをクリックすると、図 3.3 の画面が現れます。画面左上で「Built-in analysis」が選択されていることを確認し、「Column statistics」を選択して、「OK」ボタンをクリックします。

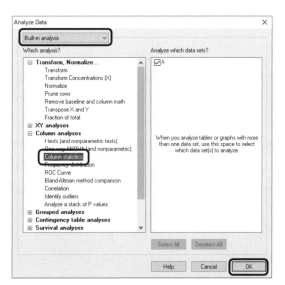

図 3.3　「Analyze Data」の設定

4. パラメータ画面（「Parameters: Column Statistics」）の「Descriptive Statistics」の項目には、計算させたい値、ここでは、「Minimum and maximum」（最小値と最大値）、「Quartiles (Median, 25th and 75th percentile)」（四分位数（中央値、25 パーセンタイル値、75 パーセンタイル値））、「Mean, SD, SEM」（平均値、標準偏差、標準誤差）、「Column sum」（列の合計）にチェック、「Confidence intervals」の項目では、「CI of the mean」（信頼区間）にチェックを入れてあります。「Confidence level:」の範囲は通常「95％」を選択しておきます。

「Inferences」の項目で、「One-sample t test.」にチェックを入れ、「Hypothetical value」の空欄に、母集団の平均身長（cm）、すなわち、与えられた日本人成人男性の平均身長のデータの 171.2 を入力します。最後に、「OK」ボタンをクリックします。

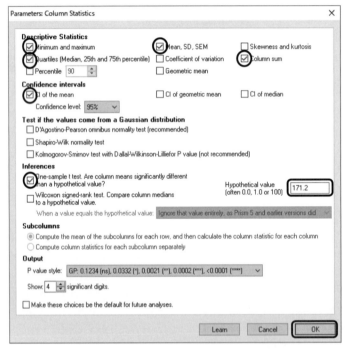

図 3.4 「Parameters: Column Statistics」の設定

5. ナビゲータの「Result」フォルダには、計算された結果が表示されます。

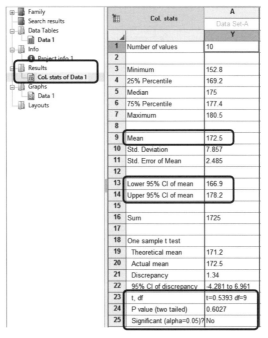

図 3.5　計算結果

6. ナビゲータの「Graphs」フォルダには、サンプルデータの平均値と標準偏差（Mean with SD）を示した棒グラフが示されています。「Graph Type」を、上部の例から散布図を選ぶと、データの分布を見ることができます。その他、縦軸や横軸の設定、文字など、グラフを変更したい場合は、変更したい周辺をダブルクリックしますと設定画面が現れますので、そこで必要な変更をした後、「OK」ボタンをクリックします。

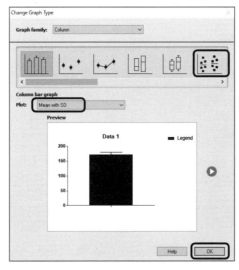

図 3.6　グラフ

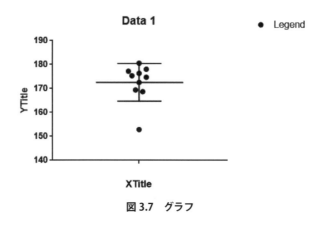

図 3.7　グラフ

【4】統計結果の解説

基礎統計量の結果から、サンプルの平均身長が 172.5 cm、95 % の信頼区間の下限が 166.9 cm、上限が 178.2 cm と計算されます。比較する母集団の平均値（Theoretical mean : 171.2 cm）はこの信頼区間に含まれています。今回のデータの場合、t 値と自由度（t = 0.5393, df = 9）から、p 値は 24 行目の「P value (two tailed)」として算出され、0.6027 となりますので、帰無仮説は採択され、「危険率 5 % で統計学的に有意な差は認められない」という結果になります。

3.2 対応のない 2 群の比較： Unpaired t-test（Student's t-test）

【1】帰無仮説

独立した 2 群の平均値 m_1、m_2 について、帰無仮説は以下のようになります。

$H_0: m_1 - m_2 = 0$

【2】使用条件

1. 従属変数は、原則として正規分布をしている間隔変数である。
2. 2 群のカテゴリーからなる独立変数は互いに独立である。
3. 各独立変数の分散がほぼ等しい。

統計処理を行おうとしている方なら誰でも知っている方法の 1 つですが、様々な統計手法が

パソコンで簡単にできるようになった現在でもなお、多群間の比較に t 検定を繰り返して使用している場合があります。上記の使用条件のように、t 検定がどのような場合に使えるのか把握しておくことが大切です。

例題

ある薬物の効果を調べるために、血糖値を比較した。この薬物が血糖値に影響を与えているかどうか調べたい。

1. 独立変数：処置群（対照群、薬物群）
2. 従属変数：血糖値
3. 帰無仮説：対照群の血糖値と薬物群の血糖値には、その平均値に差がない。

[3] 統計処理

1. 新しいプロジェクトの作成

Welcome 画面で「New Table & graph」の「Column」を選択し、新規にデータを入力または、エクセル等からデータを入力する場合は、「Enter/import data:」の「Enter replicate values, stacked into columns」を選択します。入力方法が分からなければ、「Use tutorial data:」の「t test - Paired」を選択すると入力されたサンプルデータが出てきますので、入力の仕方の参考にできます。表の列データが、グラフのそれぞれの群のデータに相当します（図 3.8 上部参照）。最後に、「Create」ボタンをクリックします。グラフのタイプの変更方法は、後述します。

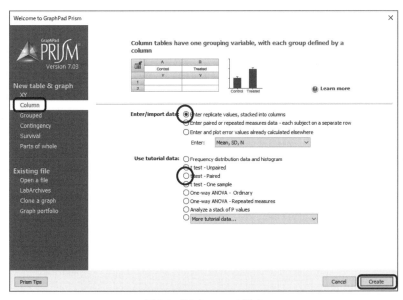

図 3.8 「Column」の設定

第 3 章　パラメトリック検定

2. 新規データの入力

Group A および B に、比較したいサンプル集団の個々のデータを入力します。Group A および B の下のセルに、グループ名を入れておくことができます（日本語表記可能）。データを入力したら、「Analyze」ボタンをクリックします。

日本語表記について、Windows 版では Preference でフォント設定をしておかないと正常に表示できないようです。データの表示では「View」タブの「Default font」を、グラフの表示では「New Graph」タブの「Fonts」を、日本語フォントに変更しておきます。

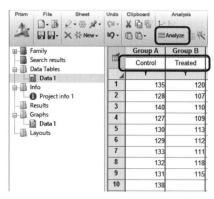

図 3.9　データの入力

3. 入力データの解析

「Built-in analysis」が選択されていることを確認し、「Column analyses」の「t tests (and nonparametric test)」を選択して、「OK」ボタンをクリックします。このとき、右側のウィンドウで、比較をしたい 2 群、すなわちこの例題では、「A: Control」群と「B: Treated」群にチェックが入っているかを確認しておきます。多くの処置群があった場合で、多重比較をする必要がなく 2 群間の比較を行う場合には、ここで比較をしたい 2 群を選択する必要があります。

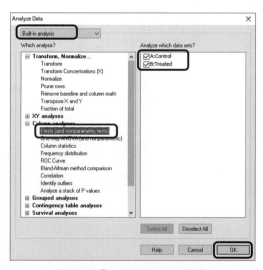

図 3.10　「Analyze Data」の設定

4. この例題では、対応のない 2 群間の比較を行いますので、パラメータ画面の「Experimental Design」タブの「Experimental design」の項目は「Unpaired」を、「Assume Gaussian distribution?」（正規分布すると仮定できるか？）の項目は「Yes. Use parametric test」、および「Choose test」の項目は「Unpaired t test. Assume both populations have the same SD」（両群が同等の標準偏差を持つ分布を示すと仮定）を選択します。もし、標準偏差が有意に異なる場合には、「Welch's correction」の方を選択し「OK」ボタンをクリックします。有意差があるかどうかは、結果の F tests で確認ができます（後述）ので、検定結果を確認してから変更できます。

「Options」タブでは、「Calculations」の「P value:」の項目は「Two-tailed」（両側検定）、および「Confidence level:」の項目は「95％」を選択しておきます。

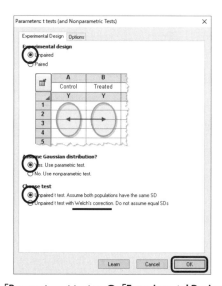

図 3.11 「Parameters: t tests」の「Experimental Design」の設定

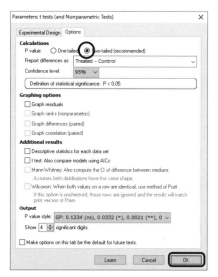

図 3.12 「Parameters: t tests」の「Options」タブの設定

5. ナビゲータの「Results」フォルダには、計算された結果が表示されます。

	Unpaired t test	
1	Table Analyzed	Data 1
2		
3	Column B	Treated
4	vs.	vs.
5	Column A	Control
6		
7	Unpaired t test	
8	P value	<0.0001
9	P value summary	****
10	Significantly different (P < 0.05)?	Yes
11	One- or two-tailed P value?	Two-tailed
12	t, df	t=9.988 df=17
13		
14	How big is the difference?	
15	Mean } SEM of column A	132.3 } 1.35, n=10
16	Mean } SEM of column B	112.8 } 1.412, n=9
17	Difference between means	-19.52 } 1.955
18	95% confidence interval	-23.65 to -15.4
19	R squared (eta squared)	0.8544
20		
21	F test to compare variances	
22	F, DFn, Dfd	1.016, 9, 8
23	P value	0.9929
24	P value summary	ns
25	Significantly different (P < 0.05)?	No

図 3.13 計算結果

6. ナビゲータの「Graphs」フォルダには、例題データの平均値と標準偏差を示した棒グラフができ上がっています。データの分布を見るために、上部ツールバーの「Change」から Graph のアイコン（ ）を選択するか、上部メニューバーの「Change」から「Graph Type」を選択し、散布図のアイコンをクリックします。中央の長い線が平均値、上下に付いた短い線が、標準偏差になります。

縦軸や横軸の設定、文字など、グラフを変更したい場合は、変更したい部分をダブルクリックしますと設定画面が現れますので、そこで必要な変更をした後、「OK」ボタンをクリックします。

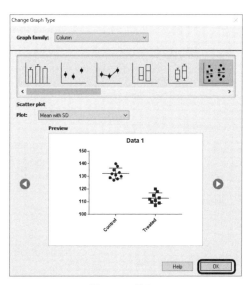

図 3.14　グラフ

7. では、このデータを、箱ヒゲ図（Box Plot）で表してみましょう。上部メニューバーの「Change」から「Graph type...」を選択するか、または、上部ツールバーの「Change」にある「Choose a different type of graph」ボタンをクリックします。

図 3.15　「Graph type...」を選択

グラフのタイプを選択する画面が表示されますので、左から5番目のアイコン（Box and whiskers, vertical）を選択した後、「OK」ボタンをクリックします。ここで「Box & whiskers」の「Plot:」の項目で、ヒゲ部分（whiskers）は、「Min to Max」（最小値から最大値）を選択しています。ボックス部分で25％〜75％値を示し、ボックスの中央の線は中央値（50％値）を示していますので、視覚的にデータの分布をつかむことができます。正規分布するデータでは、中央値は平均値に近くなり、中央値を中心に、ボックスの上下、ヒゲ部分の上下が、同じくらいの長さになります。

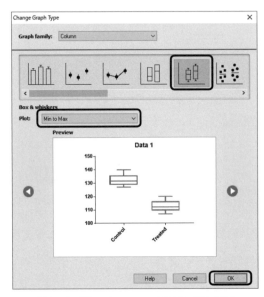

図3.16　「Graph type...」を設定 - 箱ひげ図

8. 箱ヒゲ図からデータの分布はほぼ正規分布に近いことが分かりますので、同様に棒グラフで平均値を示すグラフを作成してみます。

先ほどと同様に、上部メニューバーの「Change」から「Graph type...」を選択するか、または、上部ツールバーの「Change」から左上のコマンドアイコンボタン（Choose a different type of graph）をクリックします。

「Change Graph Type」画面で、「Graph family:」の項目「Column」を選択し、一番左の棒グラフを選択します。また、「Column bar graph」の「Plot:」の項目は「Mean with SD」を選択してみます。最後に「OK」ボタンをクリックすると棒グラフが表示されます。SD（標準偏差）とSEM（標準誤差）の使い分けについては、第1章の1.10節を参照してください。

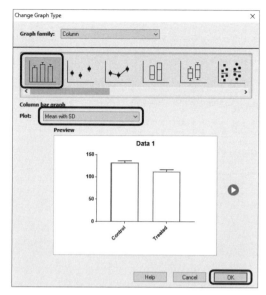

図 3.17　別の「Graph type...」を設定 - 棒グラフ

[4] 統計結果の解説

　最初に述べたように、この検定方法が使用できる条件として、「比較する 2 群の分散がほぼ等しい」必要があります。この条件を満たしているかどうか調べるテストが、「F 検定」です。21 行目からの F 検定の結果から、それぞれの群のサンプル数から 1 を引いた値である自由度 (9, 8) における F 値 (2 群の分散の比、すなわち分散比) が 1.016 と計算されています。この値は、統計学の教科書に載っている自由度 (9, 8) で危険率が 5 % のときの F 検定表の値 3.39 よりも小さく、また、そのときの p 値が 0.9929 と算出されていますので、F 検定の帰無仮説「両群の分散は等しい」は棄却されず、比較する 2 群の分散はほぼ等しいことが分かります。

　では、このテストの目的である「2 群の平均値は等しいかどうか」の計算結果を見てみましょう。自由度 (df) は、それぞれの群のサンプル数から 1 を引いた値の合計、すなわち、先ほどの自由度の合計 17 になります。ここで t 値は、12 行目に計算されているように 9.988 となっていますが、この値は、自由度 17 における t 検定の表の値よりも大きく、p 値は、0.0001 よりも小さくなります。したがって、帰無仮説は棄却され、「2 群の血糖値には、有意な差がある ($p < 0.0001$)」ということになります。

[5] サンプルデータの平均値、標準誤差、例数などが分かっている場合の統計処理

　Prism では、サンプルデータの平均値、標準誤差、例数などが分かっている場合には、個々の値を入力しなくても、統計処理を行うことができます。前章で触れたように、平均値や標準

第 3 章　パラメトリック検定

偏差などのパラメータを元に統計計算を行っているためです。

1. 上部ツールバーの「Sheet」の「New」ボタンをクリックして、「New Data Table With Graph...」を選択します。「Enter/import data:」から「Enter and plot error values already calculated elsewhere」を選択し、「Enter :」項目は、今回は、「Mean, SEM, N」を選択し、「Create」ボタンをクリックします。

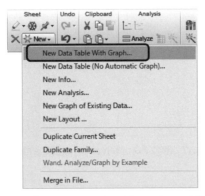

図 3.18　「New Data Table With Graph...」を選択

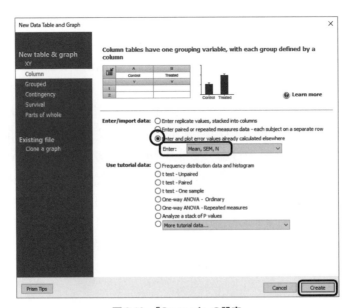

図 3.19　「Grouped」の設定

3.2 対応のない2群の比較：Unpaired t-test (Student's t-test)

2. 次図のように、平均値、標準誤差、例数を入力し、「Analyze」ボタンをクリックします。ここでは、この例題データの平均値および標準誤差を用いています。

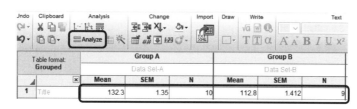

図 3.20　データの入力

3. 先ほどと同様に、「Built-in analysis」が選択されていることを確認し、「Column analyses」の「t tests (and nonparametric test)」を選択して、「OK」ボタンをクリックします。このとき、右側のウィンドウで、比較をしたい2群、すなわちこの例題では、A群とB群にチェックが入っているかを確認しておきます。

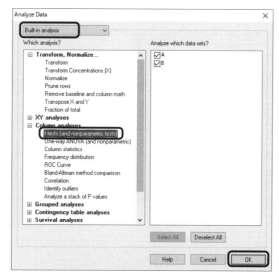

図 3.21　「Analyze Data」の設定

4. 同じ対応のない2群間の比較を行いますので、パラメータ画面では、「Experimental Design」タブの「experimental design」の項目では「Unpaired」、「Assume Gaussian distribution」の項目は「Yes. Use parametric test」、および「Choose test」の項目は「Welch's correction」ではなく「Unpaired t test」を選択し「OK」ボタンをクリックします。

「Options」タブでは、「Calculations」の「P value:」の項目は「Two-tailed」（両側検定）、および「Confidence level:」の項目は「95％」を選択しておきます。

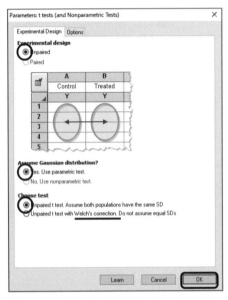

図 3.22 「Parameters: t tests」の「Experimental Design」の設定

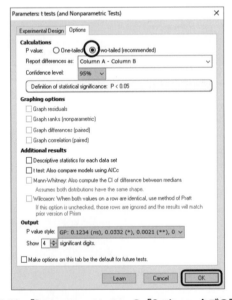

図 3.23 「Parameters: t tests」の「Options」タブの設定

5. 検定結果は、個々の値を入力して計算した結果（図 3.12）とほぼ同じになります。若干数値が異なるのは、入力した平均値や標準偏差の小数点以下での計算の違いによります。なお、「Mean } SEM」などとなっているのは、「Mean ± SEM」の文字化けによる表示エラーです。デフォルトのフォント Arial では文字化けしますが、メイリオフォントなどに変更すると±と表示されるようです。

	Unpaired t test	
1	Table Analyzed	Data 2
2		
3	Column A	Data Set-A
4	vs.	vs.
5	Column B	Data Set-B
6		
7	Unpaired t test	
8	P value	<0.0001
9	P value summary	****
10	Significantly different (P < 0.05)?	Yes
11	One- or two-tailed P value?	Two-tailed
12	t, df	t=9.978 df=17
13		
14	How big is the difference?	
15	Mean } SEM of column A	132.3 } 1.35, n=10
16	Mean } SEM of column B	112.8 } 1.412, n=9
17	Difference between means	19.5 } 1.954
18	95% confidence interval	15.38 to 23.62
19	R squared (eta squared)	0.8541
20		
21	F test to compare variances	
22	F, DFn, Dfd	1.016, 9, 8
23	P value	0.9934
24	P value summary	ns
25	Significantly different (P < 0.05)?	No

図 3.24 計算結果

3.3 対応のない 2 群の比較（分散が等しくない場合の Welch の補正）：Unpaired t-test with Welch's correction

[1] 帰無仮説

独立した 2 群の平均値 m_1、m_2 について、帰無仮説は以下のようになります。

$$H_0: m_1 - m_2 = 0$$

[2] 使用条件

1. 従属変数は、原則として正規分布をしている間隔変数である。

2. 2群のカテゴリーからなる独立変数は互いに独立である。

　前項と同様の例題を用いて説明しますが、処置群のデータが異なります。この方法は、データの分散が等しくない場合に用いられます。前項ではF検定の結果は有意ではなく、分散に差は認められませんでしたが、もし、分散に差が認められた場合はどのようにすれば良いのでしょうか。Prismでは、簡単にWelch's correctionを用いたUnpaired t-testを行うことができます。

例題

ある薬物の効果を調べるために、血糖値を比較した。この薬物が血糖値に影響を与えているかどうか調べたい。

1. 独立変数：処置群（対照群、薬物群）
2. 従属変数：血糖値
3. 帰無仮説：対照群の血糖値と薬物群の血糖値には、その平均値に差がない。

[3] 統計処理

1. 新しいプロジェクトの作成

　前項と同様に、Welcome画面で「New Table & graph」の「Column」を選択し、「Enter/import data:」の「Enter replicate values, stacked into columns」を選択します。グラフのタイプは後で変更できますので気にせず、「Create」ボタンをクリックします。

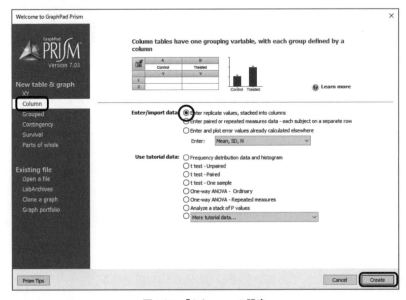

図3.25 「Column」の設定

3.3 対応のない2群の比較（分散が等しくない場合のWelchの補正）：Unpaired t-test with Welch's correction

2. 新規データの入力

Group A および B に、比較したいサンプル集団の個々のデータを入力します。データを入力したら、「Analyze」ボタンをクリックします。

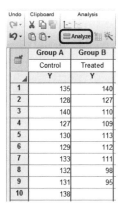

図 3.26　データの入力

3. 入力データの解析

「Analyze」ボタンをクリックすると図 3.27 の画面が現れます。ここでは、「Built-in analysis」が選択されていることを確認し、「Which analysis?」の項目は「Recently Used」（最近使用した手法）から「t tests (and nonparametric tests)」を選択して、「OK」ボタンをクリックします。いつも使う方法が限られている場合は、すべての方法がこの欄に入ってきますので便利です。もちろん、「Column analyses」から「t tests (and nonparametric tests)」を選択しても同じです。

図 3.27　「Analyze Data」の設定

4. パラメータ画面では、まず先ほどの例題と同じ設定を試します。「Experimental」タブの各項目で「Unpaired」、「Yes. Use parametric test」、および Welch の補正を用いない「Unpaired t test」を選択し、「OK」ボタンをクリックします。

「Options」タブでは、「Calculations」の「P value:」の項目で「Two-tailed」（両側検定）、および「Confidence level:」の項目で「95 %」を選択しておきます。

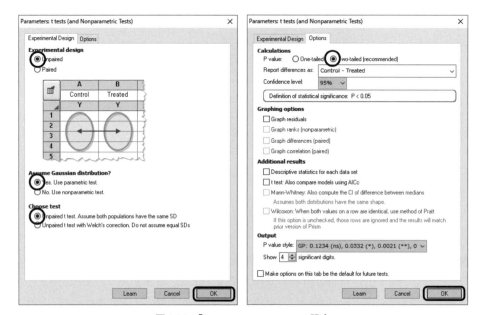

図 3.28　「Parameters: t tests」の設定

5. ナビゲータの「Results」フォルダには、計算された結果が表示されます。ここで、21 行目の F 検定の値を見てみると、F = 10.31、p 値は 0.0020 と、有意な差があることが分かります。ただし、通常、Unpaired t-test (Student's t-test) を用いる前提として「各独立変数の分散がほぼ等しい」という条件をクリアしていなければならないので、このまま計算された値を使うことができません。そこで、分散が等しくない場合でも用いることができる Welch の補正を用いることにします。

3.3 対応のない2群の比較（分散が等しくない場合のWelchの補正）：Unpaired t-test with Welch's correction

	Unpaired t test	
1	Table Analyzed	Data 1
2		
3	Column A	Control
4	vs.	vs.
5	Column B	Treated
6		
7	Unpaired t test	
8	P value	0.0005
9	P value summary	***
10	Significantly different (P < 0.05)?	Yes
11	One- or two-tailed P value?	Two-tailed
12	t, df	t=4.29 df=17
13		
14	How big is the difference?	
15	Mean } SEM of column A	132.3 } 1.35, n=10
16	Mean } SEM of column B	112.8 } 4.57, n=9
17	Difference between means	19.52 } 4.551
18	95% confidence interval	9.921 to 29.12
19	R squared (eta squared)	0.5198
20		
21	F test to compare variances	
22	F, DFn, Dfd	10.31, 8, 9
23	P value	0.0020
24	P value summary	**
25	Significantly different (P < 0.05)?	Yes

図 3.29　計算結果

6. パラメータを変更して統計処理をやり直す場合には、図 3.29 上部の統計手法が書いてあるセル、ここでは「Unpaired t test」のリンクをクリックするか、上部メニューバーの「Change」から「Analysis Parameters...」を選択します。

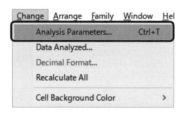

図 3.30　「Analysis Parameters...」の設定

7. 再び現れたパラメータ画面の「Choose test」項目で、標準偏差が等しくなくても用いることができる「Unpaired t test with Welch's correction. Do not assume equal SDs」法にチェックを入れて、「OK」ボタンをクリックします。

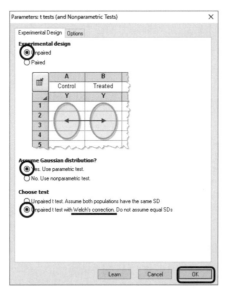

図 3.31 「Parameters: t tests」の「Experimental Design」の設定

8. 先ほどの結果と比べると、p 値が 0.0005 から 0.0025 になり、t 値も 4.290（自由度 17）から 4.097（自由度 9.394）と小さくなっていることが分かります。より厳しい条件で統計処理されていることになります。

	Welch's t test	
1	Table Analyzed	Data 1
2		
3	Column A	Control
4	vs.	vs.
5	Column B	Treated
6		
7	Unpaired t test with Welch's correction	
8	P value	0.0025
9	P value summary	**
10	Significantly different (P < 0.05)?	Yes
11	One- or two-tailed P value?	Two-tailed
12	Welch-corrected t, df	t=4.097 df=9.394
13		
14	How big is the difference?	
15	Mean } SEM of column A	132.3 } 1.35, n=10
16	Mean } SEM of column B	112.8 } 4.57, n=9
17	Difference between means	19.52 } 4.765
18	95% confidence interval	8.811 to 30.23
19	R squared (eta squared)	0.6412
20		
21	F test to compare variances	
22	F, DFn, Dfd	10.31, 8, 9
23	P value	0.0020
24	P value summary	**
25	Significantly different (P < 0.05)?	Yes

図 3.32 計算結果

3.3 対応のない2群の比較（分散が等しくない場合のWelchの補正）：Unpaired t-test with Welch's correction

9. では、データの分布はどうだったのでしょうか。ナビゲータの「Graphs」フォルダには、例題データの平均値と標準偏差の棒グラフが示されていますので、データの分布を見てみるため、上部アイコンの散布図を選択し、「OK」ボタンをクリックします。

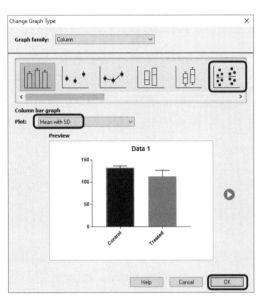

図 3.33　グラフ

10. コントロール群と比べ、処置群で標準偏差（SD）が大きく、データがばらついていることが分かります。

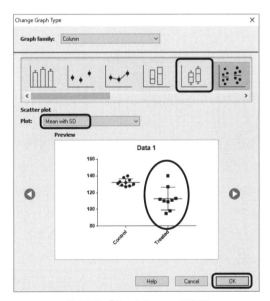

図 3.34　「Graph Type」の変更

11. このグラフを、前項と同様に箱ヒゲ図（Box & whiskers）に変更すると、図 3.16 と比べて、処置群のパーセンタイル値、最小値と最大値（Min to Max）の幅が大きく広がっていることが分かると思います。このようなデータの分布の場合、Unpaired t-test (Student's t-test) を Welch の補正を用いずに使用することはできません。箱ヒゲ図では、箱にあたる部分（25 % 〜 75 % に相当する値）に 50 % のデータがあることになりますので、全体のデータの分布を見るときには良い表示方法です。

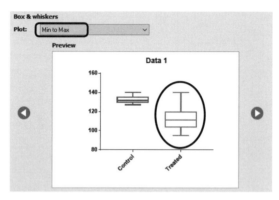

図 3.35　「Graph Type」- 箱ひげ図

[4] 統計結果の解説

　この例題では、処置群のデータにばらつきがあるものを取り上げてみました。前項で述べたように、対応のない 2 群間を比較する方法、Unpaired t-test が使用できる条件として、「比較する 2 群の分散が等しい」という項目がありますので、前の例題と同様に F 検定の結果を見てみますと、平均値および自由度 (9, 8) が等しくても、F 値が 10.31 となり、そのときの p 値も 0.0020 と算出されていますので、比較する 2 群の分散には差があることが分かります。このままでは、たとえ t 検定で 2 群の平均値に差があっても、統計学的には何も言えないことになります。

　Prism では、この例題のように、比較する 2 群のデータにばらつきがある場合でも、Welch の補正を用いることによって 2 群の平均値の差を検定することができます。

　Welch の補正では、自由度（df）が先ほどとは異なり、17 から 9.394 になっています。また、t 値も 4.290 から 4.097 となり、p 値は 0.0005 から 0.0025 と大きくなっています。しかし、この例題においては、Welch の補正を用いても p 値はまだ 0.05 より小さいので、帰無仮説は棄却され、「2 群の血糖値には、有意な差がある（p = 0.0025）」ということになります。

3.4 対応のある2群の比較：Paired t-test

[1] 帰無仮説

対応する2群の各値の差 di を計算し、その平均値を d とすると、帰無仮説は以下のようになります。

H_0: d = 0

[2] 使用条件

1. 従属変数は、原則として正規分布をしている間隔変数である。
2. 2群のカテゴリーからなる独立変数は、互いに従属関係である。

薬物の効果を見るときに、投与前と後の値を比べることがあります。このような場合は、薬物投与前後の2つの群には対応関係が成り立ちますので（従属関係）、「2群が独立した t 検定」ではなく、「対応のある t 検定」を使います。この検定方法の方が、個々のばらつきをある程度相殺できるので、より検出効率が高く検定できます。

例題

発熱がある患者に薬物 A を投与し体温を測定した。この薬物に解熱効果があるかどうか調べたい。

1. 独立変数：投与前、投与群の対応のある2群（カテゴリー変数）
2. 従属変数：体温（間隔変数）
3. 帰無仮説：薬物投与前後の体温に差はない。

---

[3] 統計手法

1. 新しいプロジェクトの作成

Welcome 画面で「New Table & graph」の「Column」を選択し、「Enter/import data:」の「Enter paired or repeated measures data」を選択します。グラフのタイプは後で変更できますので、「Create」ボタンをクリックします。

第3章 パラメトリック検定

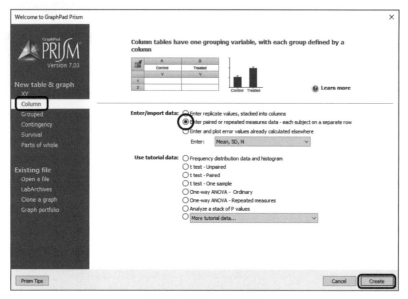

図 3.36 「Column」の設定

2. 新規データの入力

Group A および B に、比較したいサンプル集団の個々のデータを入力します。今回は、Group A に投与前（Before）のデータ、Group B に投与後（After）のデータを入力し、「Analyze」ボタンをクリックします。データ入力の左の Title 欄には、個々のデータの ID（ここでは a～h）を入れることができますので、個別データ識別ができます。

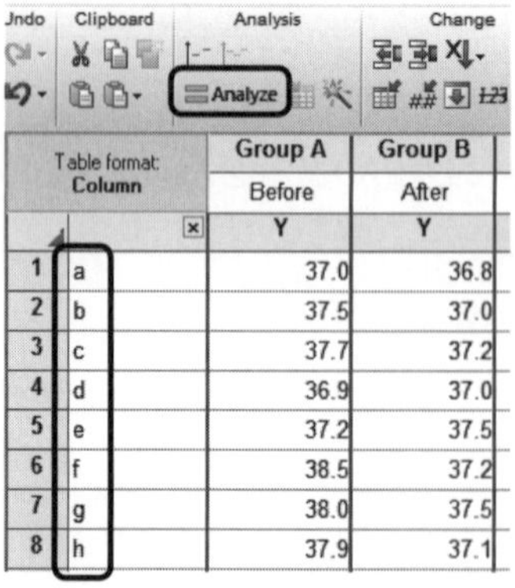

図 3.37 データの入力

3. 入力データの解析

「Analyze」ボタンをクリックすると図 3.38 の画面が現れます。ここでは、「Built-in analysis」が選択されていることを確認し、「Column Analyses」の「t tests (and nonparametric test)」を選択して、「OK」ボタンをクリックします。

図 3.38 「Analyze Data」の設定

4. パラメータ画面では、「Experimental design」の項目は「Paired」、「Assume Gaussian distribution?」（正規分布すると仮定）の項目は「Yes. Use parametric test」、「Choose test」の項目は「Paired t test」を選択して「OK」ボタンをクリックします。

「Options」タブでは、「Calculations」の「P value:」の項目で「Two-tailed」（両側検定）、および「Confidence level:」の項目で「95％」を選択しておきます。

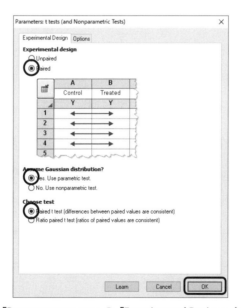

図 3.39 「Parameters: t tests」の「Experimental Design」タブの設定

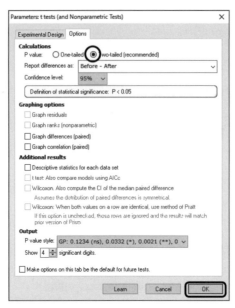

図 3.40 「Parameters: t tests」の「Options」タブの設定

5. ナビゲータの「Results」フォルダには、計算された結果が表示されます。p 値は 0.0484 で有意な差があることが分かります。

	Paired t test	
1	Table Analyzed	Data 1
2		
3	Column A	Before
4	vs.	vs.
5	Column B	After
6		
7	Paired t test	
8	P value	0.0484
9	P value summary	*
10	Significantly different (P < 0.05)?	Yes
11	One- or two-tailed P value?	Two-tailed
12	t, df	t=2.387 df=7
13	Number of pairs	8
14		
15	How big is the difference?	
16	Mean of differences	0.425
17	SD of differences	0.5036
18	SEM of differences	0.178
19	95% confidence interval	0.004014 to 0.846
20	R squared (partial eta squared)	0.4488
21		
22	How effective was the pairing?	
23	Correlation coefficient (r)	0.3916
24	P value (one tailed)	0.1687
25	P value summary	ns
26	Was the pairing significantly effective?	No

図 3.41 計算結果

6. では、対応のある t 検定（Paired t test）を使わずに、対応のない t 検定を用いた場合はどうでしょうか。左上の「Paired t test」のセルをクリックするか、上部メニューバーの「Change」から「Analysis Parameters...」を選択し、「Paired test」から「Unpaired t test」に統計手法を変え、「OK」ボタンをクリックします。

1	Table Analyzed	Data 1
2		
3	Column A	Before
4	vs.	vs.
5	Column B	After
6		
7	Unpaired t test	
8	P value	0.0643
9	P value summary	ns
10	Significantly different (P < 0.05)?	No
11	One- or two-tailed P value?	Two-tailed
12	t, df	t=2.008 df=14
13		
14	How big is the difference?	
15	Mean } SEM of column A	37.59 } 0.1931, n=8
16	Mean } SEM of column B	37.16 } 0.08647, n=8
17	Difference between means	0.425 } 0.2116
18	95% confidence interval	-0.02885 to 0.8788
19	R squared (eta squared)	0.2237
20		
21	F test to compare variances	
22	F, DFn, Dfd	4.988, 7, 7
23	P value	0.0502
24	P value summary	ns
25	Significantly different (P < 0.05)?	No

図 3.42　設定を変えた計算結果

7. F 検定の結果から、分散は有意な差はありませんので、8 行目の p 値を見てみると、p = 0.0643 と計算されており、2 群間には有意な差はないという結果となりました。

8. ナビゲータの「Graphs」フォルダには、薬物投与の前と後を対応させた折れ線グラフが表示されます。他のグラフが表示されていたら、「Change Graph Type」画面の「Before-after」の項目で「Symbols & lines」を選択し、「OK」ボタンをクリックしてください。投与前と投与後のデータの対応が線で結ばれたグラフになります。

第 3 章 パラメトリック検定

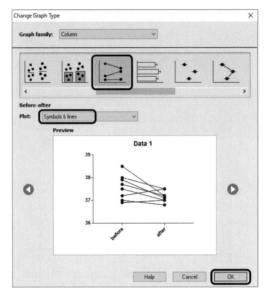

図 3.43　グラフ

9. もし Y 軸の目盛りがこの図のようでなかったら、作成されたグラフの Y 軸の辺りでダブルクリックして、Y 軸の目盛りを変更することができます。ここでは、「Range」項目の「Minimum:」に「36」、「Maximum:」に「39」度を入力し、「Regularly spaced ticks」項目の「Major ticks interval」に「1」、「Starting at Y=」に「36」度を入力しています。最後に「OK」ボタンをクリックし、グラフを確認します。

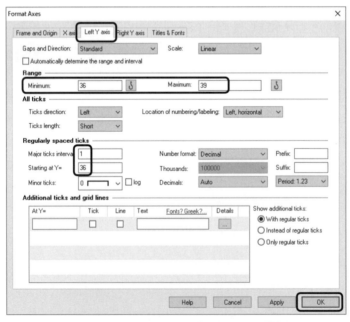

図 3.44　「Format Axes」の「Left Y axis」の設定

[4] 統計結果の解説

対応のある t 検定では、「各々の対応する 2 つのサンプルの差（di）= 0」という帰無仮説を立てていますので、図 3.41 の結果の 16 行目の平均値の差、0.425 から、薬物投与後に体温が 0.425 ℃低下していることが分かります。対応のある t 検定においては、t 値は「Mean of differences」（平均差）0.425 を平均差の標準誤差 0.178 で割った値、2.387 になります。自由度は、対応するペア数から 1 を引いた値、今回の場合は 7 となり、この t 値と自由度から、p 値が 0.0484 と計算されています。

このように、ペア数が 8 の場合の対応のある t 検定において、平均差が 0.425 以上にならない確率が 5 % 未満ということになり、「薬物投与前後の体温に差はない」という帰無仮説は棄却され、「Paired t test の結果、薬物投与後に有意に体温が低下した（t = 2.387、df = 7、p = 0.0484）」ことになります。一方、対応のない t 検定では有意な差が認められていないこと（t = 2.008、df = 14、p = 0.0643）からも分かると思いますが、対応のあるデータでは、その対応情報を用いた t 検定を使用した方が、より検出力良く有意な差を示すことができます。

3.5 独立した 3 群以上の比較：One-way Factorial ANOVA and Multiple Comparison tests

[1] 帰無仮説

各群の平均値を m_1、m_2、m_3、……、m_i とすると、帰無仮説は以下のようになります。

H_0: $m_1 = m_2 = m_3 = …… = m_i$

[2] 使用条件

1. 従属変数は、原則として正規分布をしている間隔変数である。
2. カテゴリー変数である独立変数の各群は、互いに独立である。
3. 各群の分散は、ほぼ等しい。

実際の研究や臨床の場では、2 群だけの比較ではない場合が多くあります。例えば、異なった 3 種類の薬物の効果を比較したり、異なる用量の効果を検討したり、いくつかの方法で効果の優劣を比較したりすることが求められます。このような、3 群以上のいくつかの群を同時に比較するときに用いられるのが、分散分析です。

総論で述べましたが、3群以上における比較で、比較したい群を2群ずつ組み合わせて t 検定を繰り返し使用するのは好ましくありません。ここでは、例題を上げて説明をします。

例題

糖尿病に対するA、B、Cの3種類の薬の効果を比較するために、血糖値を比較した。3つの薬の効果に差があるかどうか調べたい。

1. 独立変数：薬物A投与群、薬物B投与群、薬物C投与群の3群（カテゴリー変数）
2. 従属変数：血糖値（間隔変数）
3. 帰無仮説：血糖値に与える3種の薬物の効果はすべて等しい。

[3] 統計処理

1. 新しいプロジェクトの作成

Welcome 画面で「New Table & graph」の「Column」を選択し、「Enter/import data:」の「Enter replicate values, stacked into columns」を選択します。データの入力方法が分からない場合は、「Use tutorial data:」の「One-way ANOVA - Ordinary」を選択し、「Create」ボタンをクリックします。

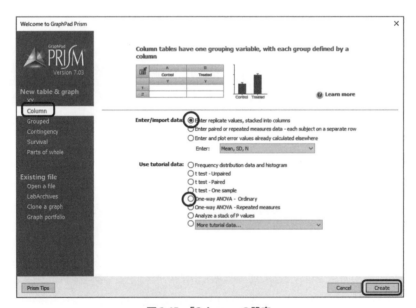

図 3.45 「Column」の設定

3.5 独立した3群以上の比較：One-way Factorial ANOVA and Multiple Comparison tests

2. 新規データの入力

Group A、BおよびCに、比較したいサンプル群の個々のデータを入力します。タイトル欄には、A、BおよびC群の名称を入れてあります。データを入力したら、「Analyze」ボタンをクリックします。

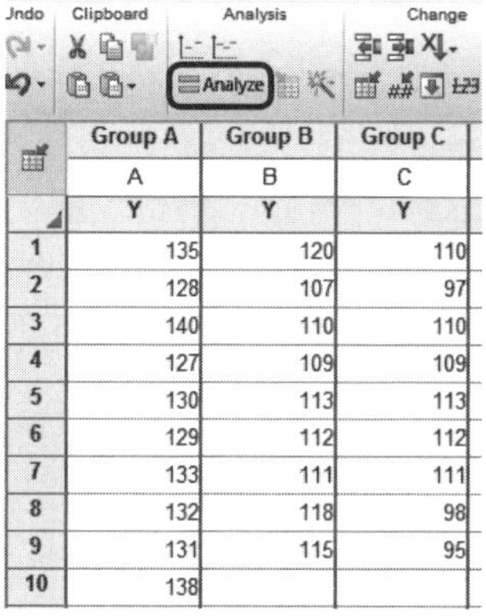

図3.46 データの入力

3. 入力データの解析

「Analyze」ボタンをクリックすると図3.47の画面が現れます。ここでは、「Built-in analysis」が選択されていることを確認し、「Column analyses」の「One-way ANOVA (and nonparametric)」を選択して、「OK」ボタンをクリックします。

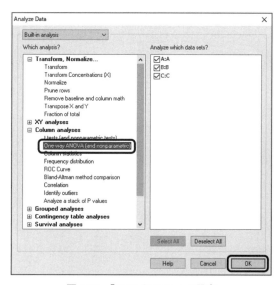

図3.47 「Analyze Data」の設定

4. パラメータ画面の「Experimental Design」タブの「Experimental design」項目では「No matching or pairing」を選択し、「Assume Gaussian distribution?」の項目では「Yes. Use ANOVA」を選択して、「OK」ボタンをクリックします。Post Test を行わなければ、「Multiple Comparisons」（多重比較）タブの「Followup tests」項目では「None」を選択しておきます。

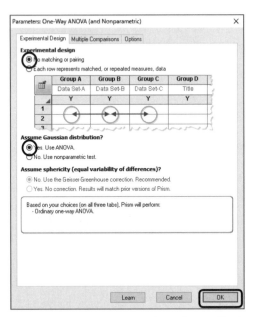

図 3.48 「Parameters: One-Way ANOVA」の「Experimental Design」タブの設定

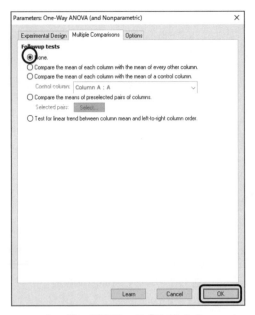

図 3.49 「Parameters: One-Way ANOVA」の「Multiple Comparisons」タブの設定

5. ナビゲータの「Results」フォルダには、計算された結果が表示されます。

Bartlett's test は、等分散性の検定の1つで、帰無仮説の項目である「各群の正規母集団のグループの分散は、ほぼ等しい」かどうかを確認する検定方法です。Brown-Forsythe test（ブラウン・フォーサイス検定）は、一元配置分散分析において、グループ間で分散やサンプルサイズが異なる場合に修正分散分析として用いられる方法で、各グループの中央値に対する差を用いて等分散性を検定する方法です。

	1way ANOVA				
1	Table Analyzed	Data 1			
2	Data sets analyzed	A : A	B : B	C : C	
3					
4	ANOVA summary				
5	F	61.39			
6	P value	<0.0001			
7	P value summary	****			
8	Significant diff. among means (P < 0.05)?	Yes			
9	R square	0.8308			
10					
11	Brown-Forsythe test				
12	F (DFn, DFd)	0.6907 (2, 25)			
13	P value	0.5105			
14	P value summary	ns			
15	Are SDs significantly different (P < 0.05)?	No			
16					
17	Bartlett's test				
18	Bartlett's statistic (corrected)	3.144			
19	P value	0.2076			
20	P value summary	ns			
21	Are SDs significantly different (P < 0.05)?	No			
22					
23	ANOVA table	SS	DF	MS	F (DFn, DFd)	P value
24	Treatment (between columns)	3558	2	1779	F (2, 25) = 61.39	P<0.0001
25	Residual (within columns)	724.5	25	28.98		
26	Total	4283	27			
27					
28	Data summary				
29	Number of treatments (columns)	3			
30	Number of values (total)	28			

図 3.50　計算結果

6. 17行目から示してある Bartlett 検定において、各群における分散には差がありませんので、One-way analysis of variance を用いて検定することができます。その結果、6行目または24行目の結果から、処置群間（Treatment (between columns)）の「すべての群の平均値に差はない」という帰無仮説は棄却されます。では、どの群で差があるのでしょうか。その前に、ナビゲータの「Graphs」フォルダをクリックし、データを見てみましょう。棒グラフで平均値と標準偏差の図ができています。ここでは、データの分布を見たいので、箱ヒゲ図（Box & whiskers）を選択しています。最初の群に比べて、中央の群、右側の群では、中央値が低い値を示し、データの範囲（Box で表された部分）も全体的に低くなっています。

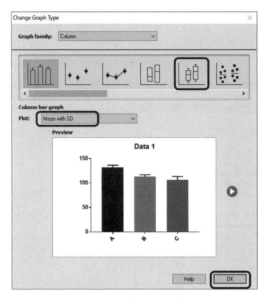

図 3.51　グラフの設定

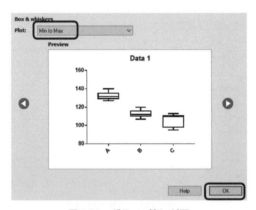

図 3.52　グラフ - 箱ヒゲ図

7. もう一度、ナビゲータの「Results」フォルダをクリックして結果の表に戻り、上部メニューバーの「Change」から「Analysis Parameters...」を選択するか、上部ツールバーの「Analyze」アイコンの右側にある格子のアイコン（Change analysis parameters）、または「1 way ANOVA（Ordinary one-way ANOVA）」のセルをクリックします。

3.5 独立した3群以上の比較：One-way Factorial ANOVA and Multiple Comparison tests

図3.53 「Change analysis parameters」アイコンまたは「1 way ANOVA」をクリック

8. パラメータ画面の「Multiple Comparisons」タブの「Followup test」項目で、すべての群の比較をする場合は「Compare the mean of each column with the mean of every other column」を選択し、対照群に対してのみ差があるかどうかを検定する場合には「Compare the mean of each column with the mean of a control column」（対照群のカラムを選択、デフォルトではColumn A）を選択し、前もって比較する群が決まっている場合は「Compare the means of preselected pairs of columns」を選択して比較するペアを指定し、「OK」ボタンをクリックします。

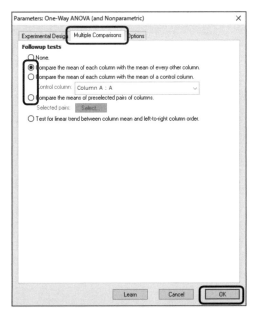

図3.54 「Parameters: One-Way ANOVA」の「Multiple Comparisons」タブの設定

9. 先ほどの ANOVA 結果の次の表に、Tukey's multiple comparison test の結果が表示されています。すべての群の組合せですので、A 群と B 群、A 群と C 群、B 群と C 群の間での検定結果が表示されています。

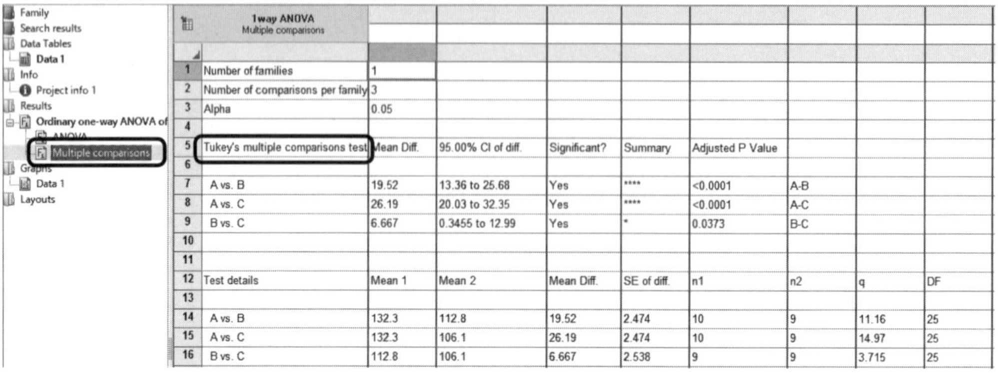

図 3.55 計算結果

10. Prism では、他の多重比較検定手法も用意されています。Tukey 法が推奨されていますが、「Bonferroni」法、「Sidak」法、信頼限界値を計算できませんが「Holm-Sidak」法、また、推奨されていない方法として、「Newman-Keuls」法を選択することができます。ただし、「Newman-Keuls」法を用いる場合、第 1 種の過誤が生じる可能性が大きくなり、注意が必要です（not recommended）。

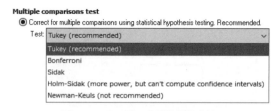

図 3.56 その他の多重比較検定法

11. 今回の例題には適切ではありませんが、ある対照群に対して比較をする Dunnett 法で多重比較を行った場合の結果も示しておきます。「Multiple Comparisons」タブの「Followup tests」項目で、「Compare the mean of each column with the mean of a control column.」を選択して「OK」ボタンをクリックすると、Dunnett 法の結果が表示されます。この方法では、どの群が対照群なのかを指示する必要があるので、例えば次図のように、「Control Column:」の項目で「Column A：A」を選択して「OK」ボタンをクリックします。

3.5 独立した3群以上の比較：One-way Factorial ANOVA and Multiple Comparison tests

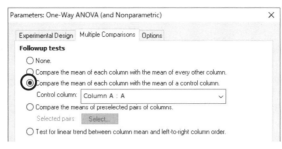

図 3.57　対照群に対する比較の設定

5	Dunnett's multiple comparisons test	Mean Diff.	95.00% CI of diff.	Significant?	Summary	Adjusted P Value	A-?	
6								
7	A vs. B	19.52	13.72 to 25.32	Yes	****	0.0001	B	B
8	A vs. C	26.19	20.39 to 31.99	Yes	****	0.0001	C	C
9								
10								
11	Test details	Mean 1	Mean 2	Mean Diff.	SE of diff.	n1	n2	q	DF
12								
13	A vs. B	132.3	112.8	19.52	2.474	10	9	7.892	25
14	A vs. C	132.3	106.1	26.19	2.474	10	9	10.59	25

図 3.58　計算結果

「Options」タブの「Multiple comparisons test」項目を見ると、「Correct for multiple comparisons using statistical hypothesis testing. Recommended.」の「Test:」のプルダウンメニューから、推奨されている Dunnett 法以外に、Bonferroni 法、Sidak 法、Holm-Sidak 法も選択することができるようになりました。

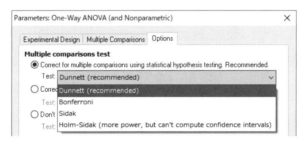

図 3.59　「Parameters: One-Way ANOVA」の「Options」タブの設定

12. 前もって比較する群が決まっている場合は、「Compare the means of preselected pairs of columns」を選択し、比較するデータペアを指定して「Select」ボタンをクリック、比較するリストを作成し、「OK」ボタンをクリックします。

例えば、対照群に対して、ある処置をし（処置群）、その処置群に対して薬の効果があるかどうか検討したい場合などに有用と思われます。比較する群としては、対照群 vs. 処置群、処置群 vs. 処置＋薬物投与群となり、対照群と処置＋薬物投与群との比較には、あまり意味がない場合などに使います。

第3章　パラメトリック検定

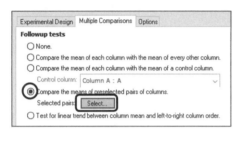
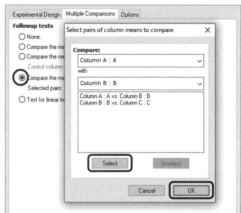

図3.60　比較する群の設定

13. また、「Options」タブの「Multiple comparisons test」の項目を見ると、「Correct for multiple comparisons using statistical hypothesis testing. Recommended.」の「Test:」プルダウンメニューから、よく利用されている Bonferroni 法の他、推奨されている Sidak 法や、Holm-Sidak 法も選択することができるようになりました。Bonferroni 法は、その方法から比較する群が多くなると、差の検出力が低くなりますが、その点、Sidak 法の方が差の検出力が高いと思います。

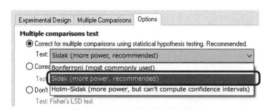

図3.61　比較する群の設定

[4] 統計結果の解説

　分散分析を使用するためには、「各群の分散はほぼ等しい」という条件があります。Prism では、等分散性を検定する Bartlett 検定を自動的に行ってくれます。この例題の場合、等分散性は、Bartlett 検定により p 値が 0.2076 となり、有意ではありませんでしたので、分散分析で得られた結果は統計学的に意味がある結果として解釈できます。

　図3.50の23行目からは、通常よく見かける分散分析表（ANOVA table）ができています。「SS」は偏差平方和を、「MS」は平均平方（分散）を、「df」は自由度を表しています。また、「Treatment (between columns)」はグループ（群）間のばらつきを、「Residual (within columns)」は残差のばらつきを表しています。分散分析は、「グループ間のばらつき」が「個体間のばらつき」で

説明できるかどうかを検定するもので、これら2つのばらつきの比によって検定することになります。今回の計算結果では、「グループ間のばらつき」の平均平方（分散）が1779、「個体間のばらつき」の平均平方（分散）が28.98となっており、「グループ間のばらつき」が、「個体間のばらつき」に比べてかなり大きいことが分かります。この2つの数字の比が5行目、24行目に計算されているF値であり、今回のケースでは、61.39となります。この値とそれぞれの自由度(2, 25)からp値が計算され、$p < 0.0001$で有意という結果になっています。

以上のように、「3種の薬物の血糖値に与える効果はすべて等しい」という帰無仮説が棄却され、3つの群のいずれかには差があることが分かりました。では、どの群とどの群の間に統計学的な差があると言えるのでしょうか。

Prismでは、いくつかの方法で多重比較検定を行うことができます。全群を比較したTukeyの多重比較検定では、A群とB群、A群とC群の間に危険率0.1％未満で統計学的に有意な差、B群とC群の間では危険率5％未満で統計学的に有意な差があることが分かりました。

この結果を論文中に記載する場合は、「一元配置分散分析の結果、$F(2, 25) = 61.39$、$p < 0.0001$でこれら薬物処置群間には有意な差があり、薬物Bは薬物Aに比べ有意に血糖値を降下させ、薬物Cは、薬物Aばかりでなく薬物Bと比べても有意に血糖値を降下させた（Tukeyの多重比較検定）。」ということになります。

なお、この説明ではデータの分布を確認する目的で、図3.52のように箱ヒゲ図を選択しましたが、パラメトリック検定の場合、グラフは平均値および標準偏差で表す方が一般的です。

[5] 有意差が検定方法によって変わる例

いくつかある多重比較検定法の選択の仕方については、第1章を参照してください。ここでは、模擬データを用いて、どの検定法が差の検出力が高い（有意差が付きやすい）傾向があるのかを示します。補正p値（Adjusted P value）を比較してみてください。この値が小さいほど、有意差が付きやすいことになります。

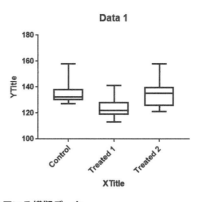

図3.62　検証に用いる模擬データ

- すべての群の比較をする場合「Compare the mean of each column with the mean of every other column」

	Tukey's multiple comparisons test	Mean Diff.	95.00% CI of diff.	Significant?	Summary	Adjusted P Value	
7	Control vs. Treated 1	11.41	0.567 to 22.26	Yes	*	0.0378	A-B
8	Control vs. Treated 2	0.5222	-10.32 to 11.37	No	ns	0.9921	A-C
9	Treated 1 vs. Treated 2	-10.89	-22.01 to 0.2369	No	ns	0.0559	B-C

	Bonferroni's multiple comparisons test	Mean Diff.	95.00% CI of diff.	Significant?	Summary	Adjusted P Value	
7	Control vs. Treated 1	11.41	0.2398 to 22.58	Yes	*	0.0441	A-B
8	Control vs. Treated 2	0.5222	-10.65 to 11.69	No	ns	>0.9999	A-C
9	Treated 1 vs. Treated 2	-10.89	-22.35 to 0.5726	No	ns	0.0667	B-C

	Sidak's multiple comparisons test	Mean Diff.	95.00% CI of diff.	Significant?	Summary	Adjusted P Value	
7	Control vs. Treated 1	11.41	0.2725 to 22.55	Yes	*	0.0435	A-B
8	Control vs. Treated 2	0.5222	-10.62 to 11.66	No	ns	0.9992	A-C
9	Treated 1 vs. Treated 2	-10.89	-22.32 to 0.5391	No	ns	0.0652	B-C

	Holm-Sidak's multiple comparisons test	Mean Diff.	Significant?	Summary	Adjusted P Value	
7	Control vs. Treated 1	11.41	Yes	*	0.0435	A-B
8	Control vs. Treated 2	0.5222	No	ns	0.9055	A-C
9	Treated 1 vs. Treated 2	-10.89	Yes	*	0.0440	B-C

	Newman-Keuls multiple comparisons test	Mean Diff.	Significant?	Summary	
7	Control vs. Treated 1	11.41	Yes	*	A-B
8	Control vs. Treated 2	0.5222	No	ns	A-C
9	Treated 1 vs. Treated 2	-10.89	Yes	*	B-C

図 3.63　その他の検定手法での計算結果の比較

- 対照群に対してのみ、差があるかどうかを検定する場合「Compare the mean of each column with the mean of a control column」（対照群のカラムを選択、デフォルトでは、Column A）

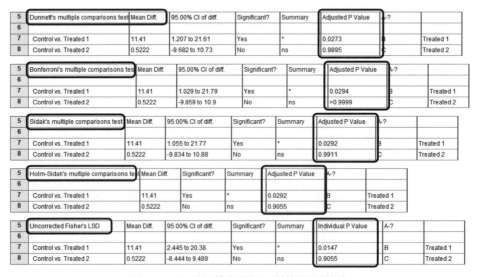

図 3.64　その他の検定手法での計算結果の比較

- 前もって比較する群が決まっている場合「Compare the means of preselected pairs of columns」

5	Bonferroni's multiple comparisons test	Mean Diff.	95.00% CI of diff.	Significant?	Summary	Adjusted P Value	
6							
7	Control vs. Treated 1	11.41	1.029 to 21.79	Yes	*	0.0294	A-B
8	Treated 1 vs. Treated 2	-10.89	-21.54 to -0.2375	Yes	*	0.0445	B-C

5	Sidak's multiple comparisons test	Mean Diff.	95.00% CI of diff.	Significant?	Summary	Adjusted P Value	
6							
7	Control vs. Treated 1	11.41	1.055 to 21.77	Yes	*	0.0292	A-B
8	Treated 1 vs. Treated 2	-10.89	-21.51 to -0.2634	Yes	*	0.0440	B-C

5	Holm-Sidak's multiple comparisons test	Mean Diff.	Significant?	Summary	Adjusted P Value	
6						
7	Control vs. Treated 1	11.41	Yes	*	0.0292	A-B
8	Treated 1 vs. Treated 2	-10.89	Yes	*	0.0292	B-C

5	Uncorrected Fisher's LSD	Mean Diff.	95.00% CI of diff.	Significant?	Summary	Individual P Value	
6							
7	Control vs. Treated 1	11.41	2.445 to 20.38	Yes	*	0.0147	A-B
8	Treated 1 vs. Treated 2	-10.89	-20.09 to -1.69	Yes	*	0.0222	B-C

図 3.65　その他の検定手法での計算結果の比較

[6] 統計結果の解説

　図 3.63 では、すべての群の比較をする場合の検定結果の比較になります。処置群 1 と処置群 2 の比較で、Tukey 法、Bonferroni 法、Sidak 法では、$p < 0.05$ で有意差が付きませんが、Holm-Sidak 法では有意な差になっています。推奨されていない Newman-Keuls 法でも有意な差が付きます。補正 p 値で比較すると、最も差の検出力が低かったのは Bonferroni 法で、続いて Sidak 法、Tukey 法、Holm-Sidak 法の順となりました。

　図 3.64 では、対照群に対してのみ、差があるかどうかを検定する場合の検定結果の比較になります。対照群と処置群 1 の比較で、補正 p 値で比較すると、最も差の検出力が低かったのは Bonferroni 法で、続いて Sidak 法、Holm-Sidak 法、Dunnett 法の順となりました。参考までに、多重比較の補正がされない Fisher's LSD 法では、p 値が非常に小さく（有意差が付きやすく）なっていることが分かります。

　図 3.65 では、前もって比較する群が決まっている場合の検定結果の比較になります。ここでは、対照群と処置群 1 の比較、および、処置群 1 と処置群 2 の比較のみを行っています。処置群 1 と処置群 2 の比較で、補正 p 値で比較すると、最も差の検出力が低かったのは Bonferroni 法で、続いて Sidak 法と Holm-Sidak 法の順となりました。参考までに、多重比較の補正がされない Fisher's LSD 法では、p 値が非常に小さく（有意差が付きやすく）なっていることが分かります。また、同じ Bonferroni 法と Sidak 法で図 3.63 と比較すると、すべての群の比較のときには処置群 1 と処置群 2 の間には有意な差は検出できませんでしたが、比較する群を限ることにより図 3.65 のように有意な差として検出されています。

　この結果からも分かる通り、帰無仮説を正しく立てて、必要な意味がある比較をすることが

3.6 2つのカテゴリー変数で分類される多群の比較 ― 繰り返しのない場合：Two-way ANOVA

[1] 帰無仮説

1. カテゴリー変数A（要因A）で分類された各群の平均値はすべて等しい。
2. カテゴリー変数B（要因B）で分類された各群の平均値はすべて等しい。
3. 要因Aと要因Bの間には交互作用がない。

[2] 使用条件

1. 従属変数は、原則として正規分布をしている間隔変数である。
2. 2つのカテゴリー変数からなる独立変数は、互いに独立である。
3. 各独立変数の分散はほぼ等しい。

複数の要因をカテゴライズし、その要因ごとの比較をする方法です。要因を分けずに、色々なファクターを含んだまま解析すると、意義のある差を検出できなくなってしまったりします。

ここで、「繰り返し」という意味は、下の集計表の各セル（例えば、患者Aの春）における平均血圧のデータが複数ある場合を「繰り返しがある」と呼び、この表のように、各セルに値が1つずつしかない場合を、「繰り返しがない」と呼びます。

例題

外来患者6人について、春、夏、秋、冬での平均血圧を測定した。平均血圧に個人差が大きいかどうか、また、季節によって変動するかどうか調べたい。

1. 独立変数：要因A（患者）外来患者A、B、C、D、E、F
   要因B（季節）春、夏、秋、冬
2. 従属変数：平均血圧（間隔変数）
3. 帰無仮説：1) 外来患者の平均血圧に差はない。
   2) 季節間で平均血圧に差はない。
   3) 患者と季節の平均血圧への影響に交互作用はない。

3.6 2つのカテゴリー変数で分類される多群の比較 — 繰り返しのない場合：Two-way ANOVA

Table format: Grouped	Group A Spring Y	Group B Summer Y	Group C Fall Y	Group D Winter Y
1 Patient A	133	125	143	165
2 Patient B	108	99	146	135
3 Patient C	120	125	140	130
4 Patient D	108	115	100	120
5 Patient E	156	133	163	148
6 Patient F	116	110	136	128

図 3.66　データ

それぞれの季節における患者個々の平均血圧の値をプロットしてみます。Graph から散布図（Scatter plot）を選択し、「Plot:」の項目は「No line or error bar」を選択して、「OK」ボタンをクリックします。それぞれの季節における 6 人の患者の平均血圧が表示されています。

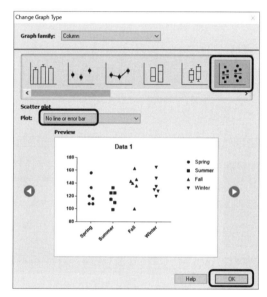

図 3.67　グラフ

このデータから、季節の要因を考えずに患者ごとの平均血圧のデータを示した図（左）、および患者個人の要因を考えずに季節による平均血圧を示した図（右）を示しました。ここで、それぞれの要因によって差が認められるかどうかを検定するのがこの検定法です。これからも分かる通り、例えば、春という季節における患者ごとの比較を行う方法ではないことに注意してください。

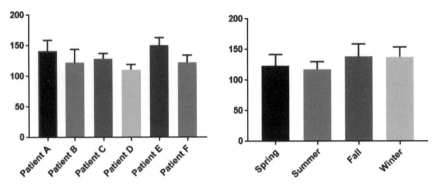

図 3.68　患者ごとおよび季節ごとのグラフ

[3] 統計処理

1. 新しいプロジェクトの作成

　Welcome 画面で「New Table & graph」の「Grouped」を選択し、「Enter/import data:」は、繰り返しのないデータですので「Enter and plot a single Y value for each point」にチェックを入れ、「Create」ボタンをクリックします。

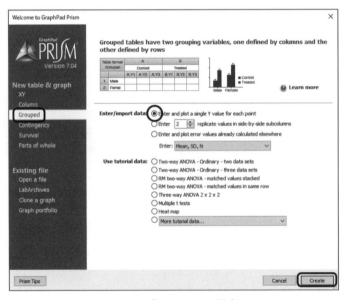

図 3.69　「Grouped」の設定

3.6 2つのカテゴリー変数で分類される多群の比較 — 繰り返しのない場合：Two-way ANOVA

2. 新規データの入力

左側の列には個々の患者番号のIDを、Group A〜Dには、春夏秋冬の季節における個々の患者の平均血圧を入力します。データを入力したら、「Analyze」ボタンをクリックします。

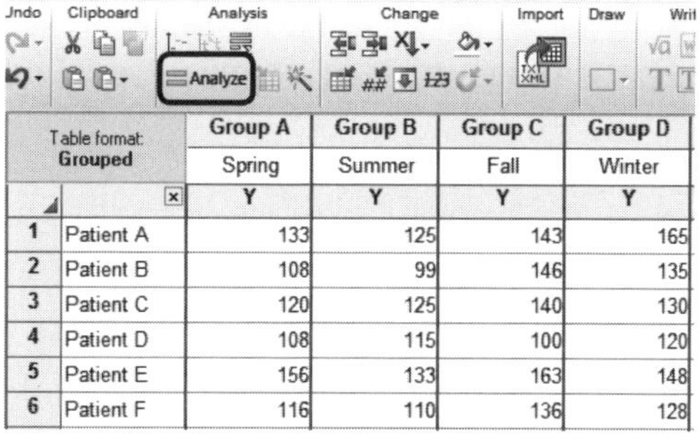

図 3.70 データの入力

3. 入力データの解析

「Analyze」ボタンをクリックすると、下記の画面が現れます。ここでは、「Built-in analysis」が選択されていることを確認し、「Grouped analyses」から「Two-way ANOVA」を選択して、「OK」ボタンをクリックします。

図 3.71 「Analyzed Data」の設定

4. パラメータ画面の「Experimental design」タブの項目では「No matching. Use regular two-way ANOVA (not repeated measures)」、「Factor names」の項目で「Name the factor that defines the columns:」(列)に「Seasons」(季節)を、「Name the factor that defines the rows:」(行)に「Patients」(患者)を入力し、「OK」ボタンをクリックします。

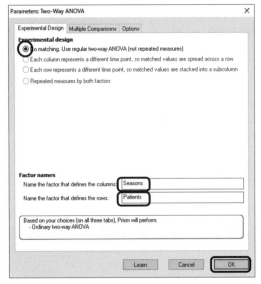

図 3.72　「Parameters: Two-Way ANOVA」の設定

5.　ナビゲータの「Results」フォルダには、計算された結果が表示されます。10 行目からは、分散分析表が表示されています。p 値は、7 ～ 8 行目または 11 ～ 12 行目に表示されています。

	2way ANOVA					
1	Table Analyzed	Data 1				
2						
3	Two-way ANOVA	Ordinary				
4	Alpha	0.05				
5						
6	Source of Variation	% of total variation	P value	P value summary	Significant?	
7	Patients	52.31	0.0020	**	Yes	
8	Seasons	23.88	0.0132	*	Yes	
9						
10	ANOVA table	SS	DF	MS	F (DFn, DFd)	P value
11	Patients	4085	5	817	F (5, 15) = 6.593	P=0.0020
12	Seasons	1865	3	621.6	F (3, 15) = 5.017	P=0.0132
13	Residual	1859	15	123.9		
14						
15	Number of missing values	0				

図 3.73　計算結果

6. ナビゲータの「Graphs」フォルダには、各季節における血圧の平均値と標準偏差が示されています。もし、表示されていない場合は、「change graph」から必要なタイプのグラフを選択します。

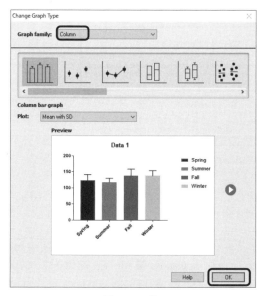

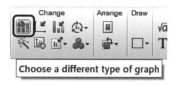

図 3.74　グラフ　　　　　　　　　　　　　図 3.75　グラフの変更

7. 結果についての詳細は、ナビゲータの「Results」フォルダの「Narrative results」のシートに表示されます。「Narrative results」が表示されない場合には、図 3.76 のように「Options」タブ内の「Additional results」の所にチェックを入れてください。

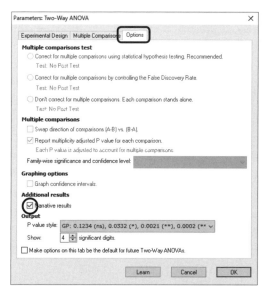

図 3.76　「Narrative results」の表示方法

第 3 章　パラメトリック検定

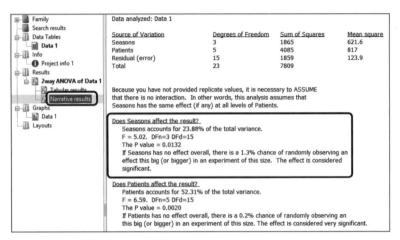

図 3.77　「Narrative results」シート

8. では、季節の効果はどうでしょうか。ナビゲータで「Data Tables」フォルダに戻り、X の値と Y の値を入れ替えてみます。

先ほどと同様に「Analyze」ボタンをクリックすると、下記の画面が現れます。ここでは、「Which analysis?」で「Transform, Normalize...」の「Transpose X and Y」を選択して、「OK」ボタンをクリックします。

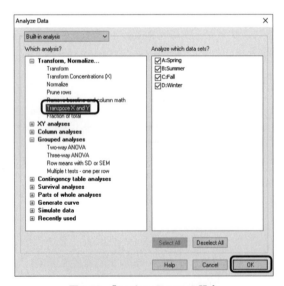

図 3.78　「Analyze Data」の設定

9. パラメータ画面で、次図のように必要な項目にチェックを入れ、「OK」ボタンをクリックします。

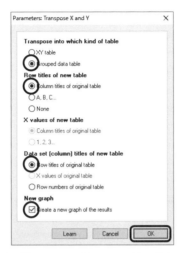

図 3.79 「Parameters: Transpose X and Y」の設定

10. ナビゲータの「Results」フォルダに、X 軸と Y 軸を入れ替えたデータが表示されます。このデータを用いて検定をするため、「Analyze」ボタンをクリックします。

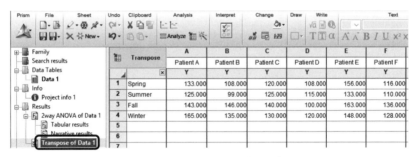

図 3.80 X 軸と Y 軸を入れ替えたデータ

第3章 パラメトリック検定

11. ナビゲータの「Grouped analyses」から「Two-way ANOVA」を選択し、「OK」ボタンをクリックします。

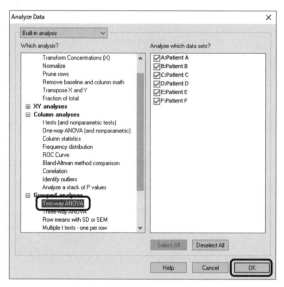

図 3.81 「Analyze Data」の設定

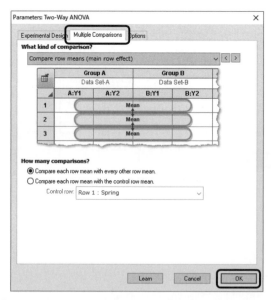

図 3.82 「Parameters: Two-Way ANOVA」の「Multiple Comparisons」の設定

3.6　2つのカテゴリー変数で分類される多群の比較 — 繰り返しのない場合：Two-way ANOVA

図 3.83　計算結果

12. Prism 7 では、パラメータ画面の「Multiple Comparisons」タブで「What kind of comparison?」の項目のプルダウンメニューを選択することにより、それぞれの行（row）データに対してだけではなく、前述のように XY を変換しなくても、列（column）データに対しても、多重比較を行えるようになりました。例えば「Compare row means (main row effect)」を選ぶと、上記のようにそれぞれの行データに対して多重比較をし、図 3.84 のように、「How many comparison?」で「Compare each column mean with the control column mean.」にチェックを入れると、すべての行または列データとの間での比較だけではなく、特定の行または列（コントロール群）に対しても比較ができるようになりました。

第 3 章　パラメトリック検定

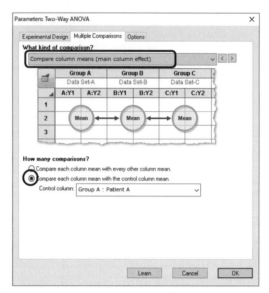

図 3.84　「Parameters: Two-Way ANOVA」の「Multiple Comparisons」の設定

13.　さらに、パラメータ画面の「Options」タブで「Multiple comparisons test」のプルダウンメニューを表示させると、Bonferroni 法だけでなく、Tukey（推奨）法、Sidak 法、Holm-Sidak 法等が選択できるようになりました。Newman-Keuls 法も選択できますが、112 ページにも記載したように、Prism でも推奨されていません。ここでは、「Tukey (recommended)」にチェックを入れ「OK」ボタンをクリックします。

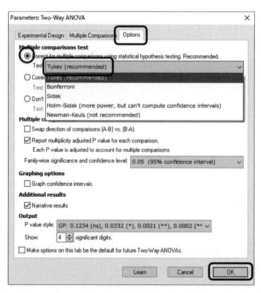

図 3.85　「Parameters: Two-Way ANOVA」の「Options」タブの設定

128

14. ナビゲータの「Results」フォルダには、新たに計算された結果が表示されます。

　図 3.86 では、外来患者要因（Patients）、季節要因（Seasons）のいずれにも有意差が付いており、両要因で平均血圧が等しいとは言えないことが分かります。多重比較を行ったところ、Tukey 法において、季節要因では、夏と秋、および夏と冬における平均血圧に有意な差があることが分かりました。Bonferroni 法でも同様に有意差がついています。また、外来患者間でも、季節にかかわらず平均血圧に差があることが分かります。

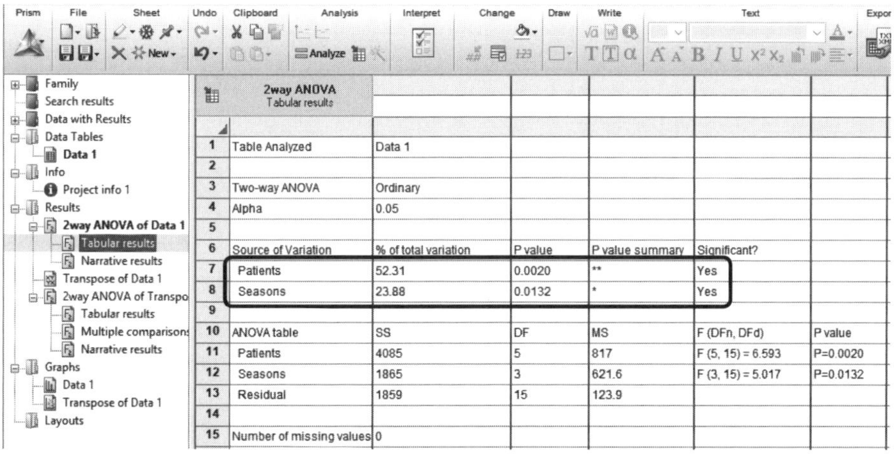

図 3.86　計算結果

図 3.87　計算結果（Tukey 法による季節要因に対する多重比較の結果）

図3.88 計算結果（Bonferroni法による季節要因に対する多重比較の結果）

	2way ANOVA Multiple comparisons							
1	Compare column means (main column effect)							
3	Number of families	1						
4	Number of comparisons per family	6						
5	Alpha	0.05						
7	Bonferroni's multiple comparisons test	Mean Diff.	95.00% CI of diff.	Significant?	Summary	Adjusted P Value		
9	Spring vs. Summer	5.667	-13.85 to 25.18	No	ns	>0.9999		
10	Spring vs. Fall	-14.5	-34.01 to 5.014	No	ns	0.2365		
11	Spring vs. Winter	-14.17	-33.68 to 5.347	No	ns	0.2612		
12	Summer vs. Fall	-20.17	-39.68 to -0.6531	Yes	*	0.0406		
13	Summer vs. Winter	-19.83	-39.35 to -0.3198	Yes	*	0.0452		
14	Fall vs. Winter	0.3333	-19.18 to 19.85	No	ns	>0.9999		
17	Test details	Mean 1	Mean 2	Mean Diff.	SE of diff.	N1	N2	t	DF
19	Spring vs. Summer	123.5	117.8	5.667	6.427	6	6	0.8817	15
20	Spring vs. Fall	123.5	138	-14.5	6.427	6	6	2.256	15
21	Spring vs. Winter	123.5	137.7	-14.17	6.427	6	6	2.204	15
22	Summer vs. Fall	117.8	138	-20.17	6.427	6	6	3.138	15
23	Summer vs. Winter	117.8	137.7	-19.83	6.427	6	6	3.086	15
24	Fall vs. Winter	138	137.7	0.3333	6.427	6	6	0.05187	15

図3.89 計算結果（Tukey法による患者要因に対する多重比較の結果）

	2way ANOVA Multiple comparisons							
1	Compare column means (main column effect)							
3	Number of families	1						
4	Number of comparisons per family	15						
5	Alpha	0.05						
7	Tukey's multiple comparisons test	Mean Diff.	95.00% CI of diff.	Significant?	Summary	Adjusted P Value		
9	Patient A vs. Patient B	19.5	-6.073 to 45.07	No	ns	0.1920		
10	Patient A vs. Patient C	12.75	-12.82 to 38.32	No	ns	0.5990		
11	Patient A vs. Patient D	30.75	5.177 to 56.32	Yes	*	0.0144		
12	Patient A vs. Patient E	-8.5	-34.07 to 17.07	No	ns	0.8819		
13	Patient A vs. Patient F	19	-6.573 to 44.57	No	ns	0.2123		
14	Patient B vs. Patient C	-6.75	-32.32 to 18.82	No	ns	0.9510		
15	Patient B vs. Patient D	11.25	-14.32 to 36.82	No	ns	0.7102		
16	Patient B vs. Patient E	-28	-53.57 to -2.427	Yes	*	0.0281		
17	Patient B vs. Patient F	-0.5	-26.07 to 25.07	No	ns	>0.9999		
18	Patient C vs. Patient D	18	-7.573 to 43.57	No	ns	0.2580		
19	Patient C vs. Patient E	-21.25	-46.82 to 4.323	No	ns	0.1330		
20	Patient C vs. Patient F	6.25	-19.32 to 31.82	No	ns	0.9643		
21	Patient D vs. Patient E	-39.25	-64.82 to -13.68	Yes	**	0.0018		
22	Patient D vs. Patient F	-11.75	-37.32 to 13.82	No	ns	0.6736		
23	Patient E vs. Patient F	27.5	1.927 to 53.07	Yes	*	0.0317		
26	Test details	Mean 1	Mean 2	Mean Diff.	SE of diff.	N1	N2	q	DF
28	Patient A vs. Patient B	141.5	122	19.5	7.871	4	4	3.504	15
29	Patient A vs. Patient C	141.5	128.8	12.75	7.871	4	4	2.291	15
30	Patient A vs. Patient D	141.5	110.8	30.75	7.871	4	4	5.525	15
31	Patient A vs. Patient E	141.5	150	-8.5	7.871	4	4	1.527	15
32	Patient A vs. Patient F	141.5	122.5	19	7.871	4	4	3.414	15

15. ナビゲータの「Graphs」フォルダをクリックして、行と列を入れ替えた（Transpose された）グラフを見てみましょう。各患者における季節を平均した血圧の値が示されています。

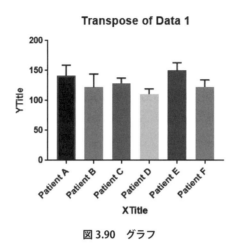

図 3.90　グラフ

[4] 統計結果の解説

　図 3.73 の 7 行目からの p 値および 7 行目以降から、要因 A（患者の個人差）、要因 B（季節）の変動が有意かどうか表示されています。この例題では、求められた患者の個人差の危険率が 0.0020、季節変動の危険率が 0.0132 なので、「患者の個人差については、危険率 1 ％で有意差あり」、「季節変動について、危険率 5 ％で有意差あり」と判定されます。二元配置のデータを入れ替えた図 3.86 でも、結果は同じになります。前述したように、Prism 7 では、パラメータ画面の「Multiple Comparisons」タブで「What kind of comparison?」のプルダウンメニューを選択することにより、それぞれの行（row）データに対してだけではなく列（column）データに対しても、XY を変換することなく多重比較を行えるようになりました。また、Bonferroni 法だけでなく、Tukey（推奨）法、Sidak 法、Holm-Sidak 法等が選択できるようになりましたので、それぞれの要因に対して多重比較する場合には、行データに対してか、列データに対してかを指定することにより、それぞれの要因による違いがあるかどうか検定できます。ただし、「Narrative results」のシートにも記載がありますが、繰り返しのデータになっていませんので、帰無仮説で規定したように要因 A と要因 B には交互作用がない、すなわち、どの患者に対しても季節効果が同じようにある（交互作用がない）と仮定して多重比較を行っていることになります。

　なお、前述したように、それぞれの要因に対する棒グラフを作成するときには、XY を変換し、入れ替えないと目的のグラフは作成できません。

3.7 2つのカテゴリー変数で分類される多群の比較 — 繰り返しのある場合

1. 繰り返しのあるデータに対応がある場合
   → 反復測定：分散分析法（Repeated measure ANOVA）を用います（データの対応を個体変動という形で考慮して検定を行います）。

2. 繰り返しのあるデータに対応がない場合
   → 繰り返しのある要因：分散分析法（Factorial ANOVA）を用います（データがどのように対応しているか考慮せずに検定を行います）。

> **注** 各データがばらついていても一定の傾向があるときは、反復測定による分散分析法では有意差が出やすくなります。また、各群の中でのデータのばらつきが小さい場合には、2つの検定方法の差は小さくなります。「繰り返しのある」という意味は、前項を参照してください。

上記の2つを例題で説明したいと思います。

次の表3.1のように、要因AにはDrug A、Drug B、Drug Cの3つの因子があり、要因BにはBeforeとAfterという2つの因子があるとします。それぞれの分類に5つずつのデータがありますので、「繰り返しのある」分散分析を用いることになります。

表3.1 要因Aと要因B

要因A	要因B									
	Before					After				
Drug A	235	230	240	240	250	230	200	250	190	170
Drug B	240	230	275	250	230	200	170	230	180	175
Drug C	250	270	280	245	250	150	140	160	200	190

では、繰り返しのあるデータに対応がある場合（反復測定、分散分析法：Repeated measure ANOVA）と、繰り返しのあるデータに対応がない場合（繰り返しのある要因、分散分析法：Factorial ANOVA）の違いをもう少し分かりやすいように、グラフにして視覚化してみます。左側の図が、データに対応がある場合の反復測定：分散分析法の場合で、右側の図が、データに対応がない場合の繰り返しのある要因：分散分析法になります。対応がある場合の例として、例えば、同じ患者で薬物投与前と後で薬物の効果を比較する場合など、対応がない場合の例として、ある薬物を食事前に投与する場合と食後に投与する場合の効果を比較する場合などです。

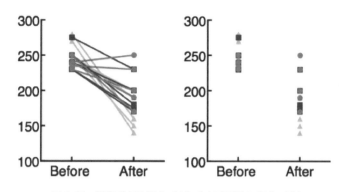

図3.91 対応がある場合（左）と対応がない場合（右）

これらのデータから、薬物投与前と後で、差が見られるかどうか、また、薬物 A、B、C で効果に違いがあるかどうかを検定することになります。

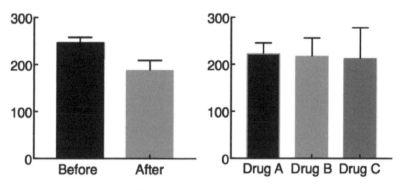

図3.92 「前と後」（左）と「薬物 A、B、C」（右）

Two-way Repeated Measures ANOVA を使う最も一般的な例は、「複数の群の経時的変化の差を検討する」場合です。

一方、Two-way Factorial ANOVA を使う最も一般的な例は、性別、喫煙歴、年齢層、薬物処置群など、複数の要因をカテゴライズし、その要因ごとの比較をする場合です。

繰り返しのある分散分析では、相殺効果（各群の変動が異なり、右上がりの群や右下がりの群が存在し、グラフが交叉する場合がある）、相乗効果（各群の変動の度合い、すなわち、右上がりまたは右下がりの度合いが群によって異なる）など 2 要因の間に影響が認められるかどうかを示す「交互作用」を検定できます。この点が繰り返しのない分散分析と異なります。「交互作用」については、後述します。

3.8 反復測定 — 分散分析法：Two-way Repeated measure ANOVA

[1] 帰無仮説

1. カテゴリー変数 A（要因 A）で分類された各群の平均値はすべて等しい。
2. カテゴリー変数 B（要因 B）で分類された各群の平均値はすべて等しい。
3. 要因 A と要因 B の間には交互作用がない。

[2] 使用条件

1. 従属変数は、原則として正規分布をしている間隔変数である。
2. 2 つのカテゴリー変数からなる独立変数は、互いに独立である。
3. 各独立変数の分散はほぼ等しい。
4. 各群のサンプル数は原則的として等しい（バランスドデータ：すべての群のサンプル数が等しいこと。通常は、最大と最小の差が 2 倍以内ならば、バランスドデータとして扱ってもよい）。

> **例題**
>
> 3 種類の抗うつ薬の効果を調べるため動物モデルを用いてスクリーニングを行った。うつ状態の指標として無動時間を、投与前、投与 1 週間、2 週間、3 週間後に経時的に測定した。各群 5 匹で 3 種類の抗うつ薬の作用に差があるかどうか調べたい。また、経時的な効果があるかどうか調べたい。
>
> 1. 独立変数：要因 A（薬物）　抗うつ薬 A、B、C
>   　　　　　要因 B（経日変化）投与前、投与 1 週間、2 週間、3 週間後
> 2. 従属変数：無動時間（間隔変数）
> 3. 帰無仮説：1）薬物により 4 つのタイムポイントの平均無動時間には差がない。
>   　　　　　2）無動時間に経日変化は見られない。
>   　　　　　3）薬物と 4 つのタイムポイントでの無動時間に及ぼす影響に交互作用はない（経日変化の様子は 3 つの薬物で等しい）。

[3] 統計処理

1. 新しいプロジェクトの作成

Welcome 画面で「New Table & graph」の「Grouped」を選択し、「Enter/import data:」は、各群 N = 5 で実験を行うため、5 回の繰り返しがあるデータとして「Enter 5 replicate values in side-by-side subcolumns」を選択します。最後に、「Create」ボタンをクリックします。

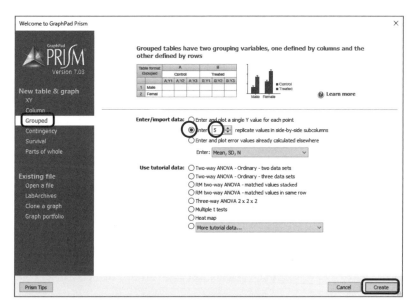

図 3.93 「Grouped」の設定

2. 新規データの入力

次図に示したように、最左列には、3種類の抗うつ薬（Drug A、B、C)を、カラム A から D には、比較したい経時変化のデータを入力します。データを入力したら「Analyze」ボタンをクリックします。

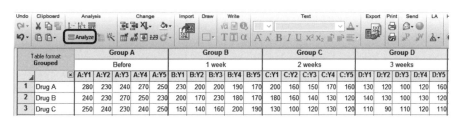

図 3.94 データの入力

3. 入力データの解析

「Analyze」ボタンをクリックすると次の画面が現れます。ここでは、「Built-in analysis」が選択されていることを確認し、「Grouped analyses」の中から「Two-way ANOVA」を選択して、

「OK」ボタンをクリックします。

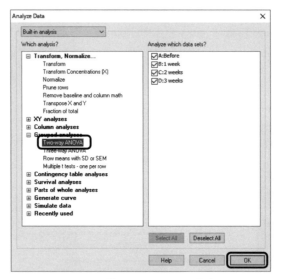

図 3.95　「Analyze Data」の設定

4. パラメータ画面の「Experimental design」タブの項目では、薬物による経時変化を同じ動物を用いて実験していますので、「Each column represents a different time point, so matched values are spread across a row」を選択し、「Factor names」の項目では、ここでは「columns:」（列）に時間（Time course）を、「rows:」（行）に薬物（Drugs）を入力し、「OK」ボタンをクリックします。

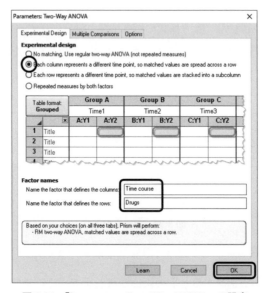

図 3.96　「Parameters: Two-Way ANOVA」の設定

3.8 反復測定 — 分散分析法：Two-way Repeated measure ANOVA

5. ナビゲータの「Results」フォルダには、計算された結果が表示されます。

	2way ANOVA				
1	Table Analyzed	Data 1			
2					
3	Two-way RM ANOVA	Matching: Across row			
4	Alpha	0.05			
5					
6	Source of Variation	% of total variation	P value	P value summary	Significant?
7	Interaction	1.3	0.2983	ns	No
8	Drugs	4.452	0.0177	*	Yes
9	Time course	83.43	<0.0001	****	Yes
10	Subjects (matching)	4.644	0.0295	*	Yes
11					
12	ANOVA table	SS	DF	MS	F (DFn, DFd)	P value
13	Interaction	2163	6	360.6	F (6, 36) = 1.264	P=0.2983
14	Drugs	7410	2	3705	F (2, 12) = 5.752	P=0.0177
15	Time course	138867	3	46289	F (3, 36) = 162.3	P<0.0001
16	Subjects (matching)	7730	12	644.2	F (12, 36) = 2.258	P=0.0295
17	Residual	10270	36	285.3		
18					
19	Number of missing values	0			

図 3.97　計算結果

6. ナビゲータの「Graphs」フォルダをクリックし、薬物の効果を視覚的に確認しておきましょう。薬物にかかわらず、経時的に無動時間が短縮しており、交互作用に有意な差がありませんので、3 種の薬物のデータを纏めて、経時変化を見たものが図 3.99 のグラフです。データの行列を入れ替えて棒グラフで表示しています。

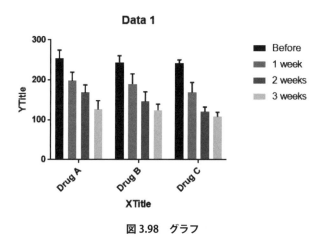

図 3.98　グラフ

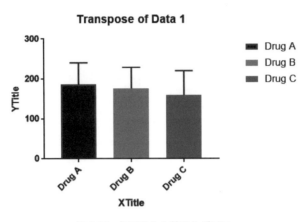

図 3.99　行列を入れ替えたグラフ

7.「Repeated measures ANOVA」の統計結果から、薬物間に有意な差がありましたので、薬物要因に対して多重比較を行います。パラメータ画面の「Multiple Comparisons」タブでは、「What kind of comparison?」の項目において「Compare row means (main row effect)」を選択し、「Options」タブでは、「Multiple comparisons test」の項目において「Tukey (recommended)」を選択しておきます。

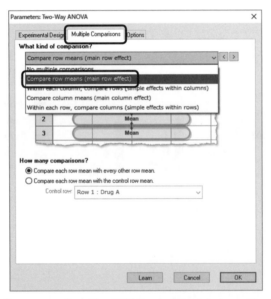

図 3.100　「Parameters: Two-Way ANOVA」の「Multiple Comparisons」の設定

3.8 反復測定 — 分散分析法：Two-way Repeated measure ANOVA

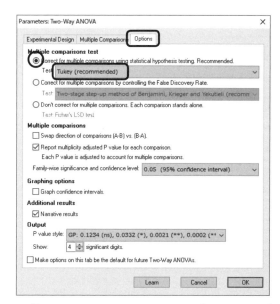

図 3.101 「Parameters: Two-Way ANOVA」の「Options」タブの設定

8. 計算結果から、薬物 A と薬物 B の間で、$p = 0.0144$（$p < 0.05$）で有意な差があることが分かりました。

図 3.102 計算結果

9. 同様に、時間経過でも有意な差がありましたので、多重比較を行います。パラメータ画面の「Multiple Comparisons」タブに戻し、「What kind of comparison?」の項目において「Compare column means (main column effect)」を選択し、「Options」タブでは、「Multiple comparisons test」の項目は「Tukey (recommended)」を選択しておきます。計算結果から、すべての群間で $p < 0.01$ で有意な差があることが分かりました。

	2way ANOVA Multiple comparisons								
1	Compare column means (main column effect)								
2									
3	Number of families	1							
4	Number of comparisons per family	6							
5	Alpha	0.05							
6									
7	Tukey's multiple comparisons test	Mean Diff.	95.00% CI of diff.	Significant?	Summary	Adjusted P Value			
8									
9	Before vs. 1 week	61.33	44.72 to 77.94	Yes	****	<0.0001			
10	Before vs. 2 weeks	102	85.39 to 118.6	Yes	****	<0.0001			
11	Before vs. 3 weeks	127.3	110.7 to 143.9	Yes	****	<0.0001			
12	1 week vs. 2 weeks	40.67	24.06 to 57.28	Yes	****	<0.0001			
13	1 week vs. 3 weeks	66	49.39 to 82.61	Yes	****	<0.0001			
14	2 weeks vs. 3 weeks	25.33	8.723 to 41.94	Yes	**	0.0012			
15									
16									
17	Test details	Mean 1	Mean 2	Mean Diff.	SE of diff.	N1	N2	q	DF
18									
19	Before vs. 1 week	246.7	185.3	61.33	6.167	15	15	14.06	36
20	Before vs. 2 weeks	246.7	144.7	102	6.167	15	15	23.39	36
21	Before vs. 3 weeks	246.7	119.3	127.3	6.167	15	15	29.2	36
22	1 week vs. 2 weeks	185.3	144.7	40.67	6.167	15	15	9.325	36
23	1 week vs. 3 weeks	185.3	119.3	66	6.167	15	15	15.13	36
24	2 weeks vs. 3 weeks	144.7	119.3	25.33	6.167	15	15	5.809	36

図 3.103　計算結果

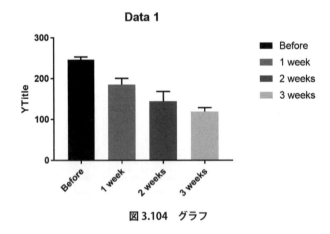

図 3.104　グラフ

10.　行列を入れ替える前のデータを棒グラフで示したものが、図 3.104 になります。時間経過に対する各薬物の折れ線グラフを作りたい場合は、上部メニューバーの「Change」から「Graph type...」を選択し、「Graph family:」の項目のプルダウンメニューから「Grouped」を選択し、折れ線グラフを選択して「OK」ボタンをクリックしてください。

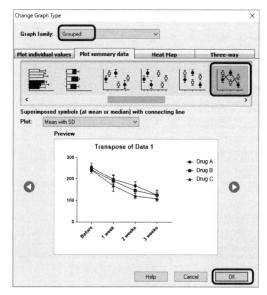

図 3.105　折れ線グラフ

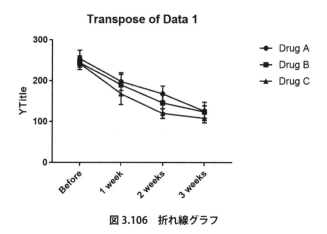

図 3.106　折れ線グラフ

11.　ナビゲータの「Results」フォルダの「Narrative results」には、詳細な結果の解説が表示されます。

```
Source of Variation     DF      Sum of Squares   Mean Square
Interaction             6       2163             360.6
Drugs                   2       7410             3705
Time course             3       138867           46289
Subjects (matching)     12      7730             644.2
Residual (Error)        36      10270            285.3
Total                   59      166440
```

Does Drugs have the same effect at all values of Time course?
　　Interaction accounts for 1.30% of the total variance.
　　F = 1.26. DFn=6 DFd=36
　　The P value = 0.2983
　　If there is no interaction overall, there is a 30% chance of randomly observing so much interaction in an experiment of this size. The interaction is considered not significant.

Does Time course affect the result? (Are the curves different?)
　　Time course accounts for 83.43% of the total variance (after adjusting for matching).
　　F = 162.26. DFn=3 DFd=36
　　The P value is <0.0001
　　If Time course has no effect overall, there is a less than 0.01% chance of randomly observing an effect this big (or bigger) in an experiment of this size. The effect is considered extremely significant.

Does Drugs affect the result? (Are the curves horizontal?)
　　Drugs accounts for 4.45% of the total variance (after adjusting for matching).
　　F = 5.75. DFn=2 DFd=12
　　The P value = 0.0177
　　If Drugs has no effect overall, there is a 1.8% chance of randomly observing an effect this big (or bigger) in an experiment of this size. The effect is considered significant.

Was the matching effective?
　　F = 2.26. DFn=12 DFd=36
　　The P value = 0.0295
　　If matching were not effective overall, there is a 3% chance of randomly observing an effect this big (or bigger) in an experiment of this size. The effect is considered significant.

図 3.107　「Narrative results」シート

[4] 統計結果の解説

　計算結果（図 3.97）の 13 行目から、Interaction（薬物＊経日変化、交互作用）、Drugs（薬物）、Time course（経日変化）の F 値が計算されています。また、その値に対応する p 値が、6 行目から表示されています。7 行目の Interaction（交互作用）の p 値が 0.2983 で有意差はありませんので、最初に立てた 3 番目の帰無仮説「薬物と 4 つのタイムポイントでの無動時間に及ぼす影響に交互作用はない（経日変化の様子は 3 つの薬物で等しい）」が成り立ちます。そこで、8 行目の Drugs（薬物）の p 値を見てみると、0.0177 となっており、5％未満で有意な差となり、1 番目の「薬物により 4 つのタイムポイントの平均無動時間には差がない」という帰無仮説は棄却され、「薬物の違いにより、4 つのタイムポイントの平均無動時間に差が認められる」ことが分かります。また、9 行目の Time course（経日変化）の p 値から、$p < 0.0001$ で、0.1％未満の有意水準で、2 番目の帰無仮説である「無動時間に経日変化は見られない」は棄却され、「無動時間は、経日的に変化する」ことが分かります。グラフからは、無動時間の変化は、薬物 A、B、C とも、投与回数の増加、時間の経過とともにコンスタントに減少していることが分かります。

　Prism 7 では、各要因に対する多重比較検定が可能となりました。行データに有意な差があった場合には、パラメータ画面の「Multiple Comparisons」タブの「What kind of comparison?」において「Compare row means (main row effect)」を選択し、「Options」タブの「Multiple comparisons test」で「Tukey (recommended)」を選択しておくと、図 3.102 のように、薬物 A

と薬物 B の間で、$p = 0.0144$（$p < 0.05$）で有意な差があることが分かります。同様に、列データの時間経過に対しても、パラメータ画面の「Multiple Comparisons」タブの「What kind of comparison?」の項目において「Compare column means (main column effect)」を選択すると、すべての群間で、$p < 0.01$ で有意な差があることが分かります（図 3.103）。

[5] 交互作用（interaction）とは

分散分析で検定したい 2 要因が互いに独立していれば、各々の因子を取り上げてデータを解釈することができます。しかし、2 要因の間に影響がある場合には、両者を切り離して議論することはできません。このように 2 要因が互いに影響を与えている場合に「交互作用がある」といいます。具体的には、前述したように、相殺作用、相乗作用などがあります。交互作用がない場合は、各群が同じような変動傾向を示しますので、グラフは平行になります。図 3.108 のデータ（図 3.109 のグラフ）の場合、グラフは交叉しているので（Before の場合は A < B < C となっているが、After では A > B > C となっている）、交互作用がありそうです。

Table format: Grouped	Group A					Group B				
	Before					After				
	A:Y1	A:Y2	A:Y3	A:Y4	A:Y5	B:Y1	B:Y2	B:Y3	B:Y4	B:Y5
1 Drug A	235	230	240	240	250	230	200	250	190	170
2 Drug B	240	230	275	250	230	200	170	230	180	175
3 Drug C	250	270	280	245	250	150	140	160	200	190

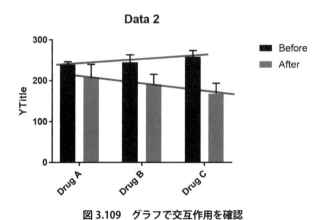

図 3.108　交互作用があるデータの例

図 3.109　グラフで交互作用を確認

実際に repeated Two-way ANOVA で検定してみると、図 3.110 の 7 行目のように、$p < 0.05$（$p = 0.0191$）で交互作用があります。

第 3 章 パラメトリック検定

1	Table Analyzed	Data 2			
2					
3	Two-way ANOVA	Ordinary			
4	Alpha	0.05			
5					
6	Source of Variation	% of total variation	P value	P value summary	Significant?
7	Interaction	10.75	0.0191	*	Yes
8	Drugs	1.177	0.6047	ns	No
9	Before&after	60.57	<0.0001	****	Yes
10					
11	ANOVA table	SS	DF	MS	F (DFn, DFd)	P value
12	Interaction	4582	2	2291	F (2, 24) = 4.691	P=0.0191
13	Drugs	501.7	2	250.8	F (2, 24) = 0.5137	P=0.6047
14	Before&after	25813	1	25813	F (1, 24) = 52.86	P<0.0001
15	Residual	11720	24	488.3		
16					
17	Number of missing values	0			

図 3.110 要因 A、要因 B に交互作用がある例

Prism 7 では、より詳細な比較をすることができるメニューが追加されましたので、その解析結果を見てみます。

パラメータ画面の「Multiple Comparisons」タブにし、「What kind of comparison?」の項目のプルダウンメニューから「Compare each cell mean with the other cell mean in that row」を選択し、「OK」ボタンをクリックします。ここでは、Sidak 法で多重比較をしています（「Options」タブ参照）。

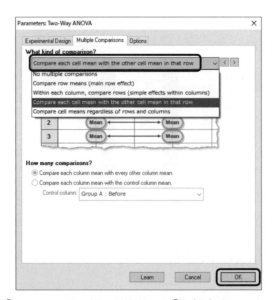

図 3.111 「Parameters: Two-Way ANOVA」の「Multiple Comparisons」の設定

薬物投与前と後で、薬物ごとに、有意な変化があるかどうかが分かります。Repeated Two-

3.8 反復測定 — 分散分析法：Two-way Repeated measure ANOVA

way ANOVA の結果から、薬物の投与前後で有意な差がありましたが、図 3.112 の結果から、薬物 A では、薬物投与前と後で有意な差ではないことが分かると思います。「Narrative results」に記述があるように、交互作用に有意な差がある場合は、それぞれの要因に対する有意な作用をそのまま解釈するには、問題があります。

図 3.112　計算結果

図 3.113　「Narrative results」シート

このように、「交互作用に有意な差がある」場合には、要因 A、要因 B についてそれぞれ単独で解釈しただけでは比較が不十分ですので、要因 A、要因 B のすべてで一元配置分散分析を行って差が認められるかどうかの検定を行い、差があった場合には、多重比較検定を用いて各組合せについて差があるかどうかを検定します。3.10 節で詳細を解説します。

3.9 2つのカテゴリー変数で分類される多群の比較 — 多重比較：Two-way Factorial ANOVA with post-hoc test

[1] 帰無仮説

1. カテゴリー変数A（要因A）で分類された各群の平均値はすべて等しい。
2. カテゴリー変数B（要因B）で分類された各群の平均値はすべて等しい。
3. 要因Aと要因Bの間には交互作用がない。

[2] 使用条件

1. 従属変数は、原則として正規分布をしている間隔変数である。
2. 2つのカテゴリー変数からなる独立変数は、互いに独立である。
3. 各独立変数の分散はほぼ等しい。
4. 各群のサンプル数は原則的として等しい（バランスドデータ）

性別、喫煙歴、年齢層、薬物処置群など、複数の要因をカテゴライズし、その要因ごとの比較をします。

例題

ある薬物の効果を調べるための実験を行った。溶液の濃度が低い、中くらい、高い状態で、効果を対照群と比較した。各群の例数を3として薬物の効果を調べたい。

1. 独立変数：要因A（処置）　対照群、薬物群
   　　　　　要因B（濃度）　低濃度、中濃度、高濃度
2. 従属変数：ある測定値（間隔変数）
3. 帰無仮説：1) 対照群と薬物群の効果には差がない。
   　　　　　2) 濃度によって差は見られない。
   　　　　　3) 処置と濃度における交互作用はない（各濃度における処置の傾向は等しい）。

[3] 統計処理

1. 新しいプロジェクトの作成

　Welcome 画面で「New Table & graph」の「Grouped」を選択し、「Enter/import data:」は、各群 N = 3 で実験を行うため、3回の繰り返しがあるデータとして「Enter 3 replicate values in side-by-side subcolumns」を選択します。データの入力方法が分からない場合は、「Use tutorial data:」から「Two-way ANOVA - Ordinary - three data sets」を選択し、「Create」ボタンをクリックします。

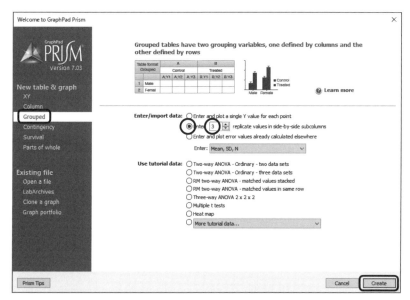

図 3.114　「Grouped」の設定

2. 新規データの入力

　次図に示したように、一番左の列には、3つの濃度の条件（Low、Middle、High）を、カラム A（対照群、Control）および B（薬物群、Drug）に、比較したいサンプル集団の個々のデータを入力します。データを入力したら、「Analyze」ボタンをクリックします。

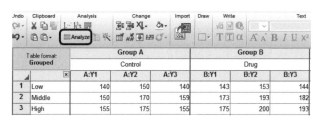

図 3.115　データの入力

第 3 章　パラメトリック検定

3. 入力データの解析

「Analyze」ボタンをクリックすると、下記の画面が現れます。ここでは、「Built-in analysis」が選択されていることを確認し、「Grouped analyses」から「Two-way ANOVA」を選択し、「OK」ボタンをクリックします。

図 3.116 「Analyze Data」の設定

4. パラメータ画面の「Experimental Design」タブの「Experimental design」の項目では、「No matching. Use regular two-way ANOVA (not repeated measures)」を選択し、「Factor names」の項目では、「Name the factor defined the columns:」（列）に処置（Treatment）を、「Name the factor defined the rows:」（行）に濃度（Concentration）を入力します。

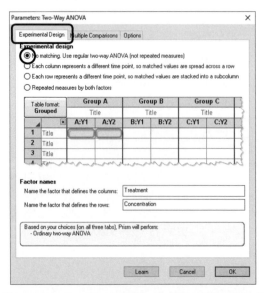

図 3.117 「Parameters: Two-Way ANOVA」の「Experimental Design」の設定

5. Prism 7 では、二元配置分散分析の後、ポストホックテストとして、それぞれの行データまたは列データに対し検定を行うことができます。この例題では、濃度が Low、Middle、High の 3 つの条件における対照群と薬物群の比較をすることにします。「Multiple Comparisons」タブの「What kind of comparison?」の項目で、プルダウンメニューから「Compare each cell mean with the other cell mean in that row.」を選択します。

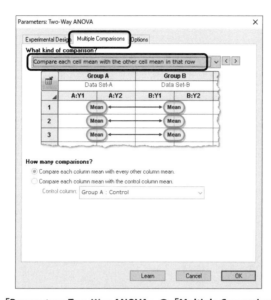

図 3.118 「Parameters: Two-Way ANOVA」の「Multiple Comparisons」の設定

6. また、「Options」タブの「Multiple comparisons test」の項目で、「Correct for multiple comparisons using statistical hypothesis testing」のプルダウンメニューから検定方法を選択できるようになりました。ここでは、推奨されている「Sidak (more power, recommended)」法を選択し、最後に「OK」ボタンをクリックします。

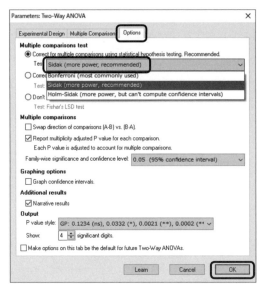

図 3.119　「Parameters: Two-Way ANOVA」の「Options」タブの設定

7. ナビゲータの「Results」フォルダの「Tabular results」には、計算された結果が表示されます。9 行目の Treatment の結果の p 値が 0.0020 となっていますので、対照群と薬物群で有意な差があることが分かります。しかし、この結果からだけでは、どの濃度の条件で差があったのかが分かりません。

	2way ANOVA Tabular results					
1	Table Analyzed	Data 1				
2						
3	Two-way ANOVA	Ordinary				
4	Alpha	0.05				
5						
6	Source of Variation	% of total variation	P value	P value summary	Significant?	
7	Interaction	7.875	0.1105	ns	No	
8	Concentration	51.43	0.0003	***	Yes	
9	Treatment	22.95	0.0020	**	Yes	
10						
11	ANOVA table	SS	DF	MS	F (DFn, DFd)	P value
12	Interaction	500.3	2	250.2	F (2, 12) = 2.661	P=0.1105
13	Concentration	3267	2	1634	F (2, 12) = 17.38	P=0.0003
14	Treatment	1458	1	1458	F (1, 12) = 15.51	P=0.0020
15	Residual	1128	12	94		
16						
17	Number of missing values	0				

図 3.120　計算結果

3.9 2つのカテゴリー変数で分類される多群の比較 — 多重比較：Two-way Factorial ANOVA with post-hoc test

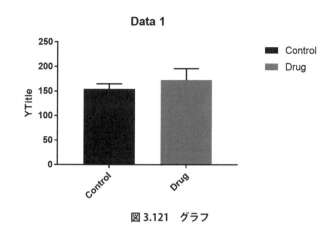

図 3.121　グラフ

　ここでは、多重比較として Sidak 多重比較法を選択しましたので、その結果が 10 行目から示されています。中濃度および高濃度の条件において、対照群と薬物群に有意な差が得られました。

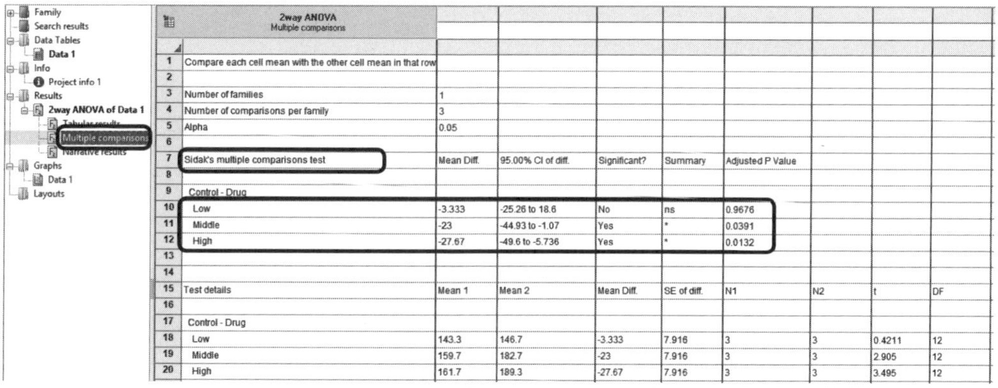

図 3.122　計算結果

8. 計算結果の解説を見るには、ナビゲータの「Results」フォルダの「Narrative results」を選択します。交互作用（interaction）は、有意な差ではないこと、処置（Treatment）および濃度（Concentration）要因に対する解説が示されています。

151

第3章 パラメトリック検定

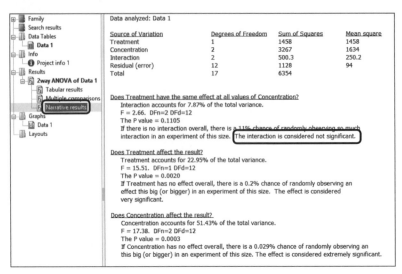

図 3.123　「Narrative results」シート

9. ナビゲータの「Graphs」フォルダをクリックし、薬物の効果を視覚的に確認しておきましょう。

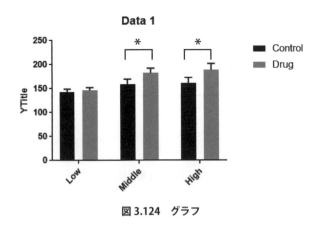

図 3.124　グラフ

10. 同様に、「Multiple Comparison」タブの「What kind of comparison?」の項目で「Compare row means (main row effect)」を選ぶと、濃度条件間での比較を行うことができます。この場合は、「Options」タブの「Multiple comparisons test」の項目の「Correct for multiple comparisons using statistical hypothesis testing」のプルダウンメニューを表示させると、Tukey法が推奨されていますので、ここではTukey法を選択し、最後に「OK」ボタンをクリックします。

3.9 2つのカテゴリー変数で分類される多群の比較 — 多重比較：Two-way Factorial ANOVA with post-hoc test

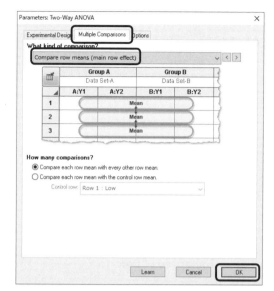

図 3.125 「Parameters: Two-Way ANOVA」の「Multiple Comparisons」の設定

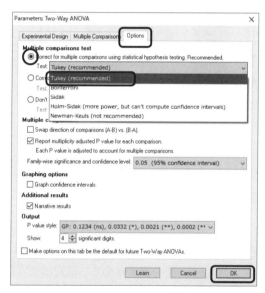

図 3.126 「Parameters: Two-Way ANOVA」の「Options」タブの設定

第 3 章　パラメトリック検定

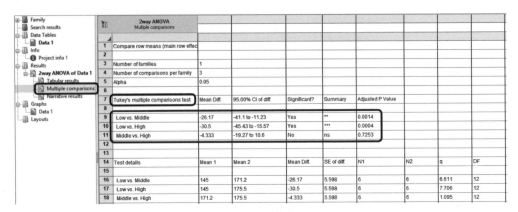

図 3.127　計算結果

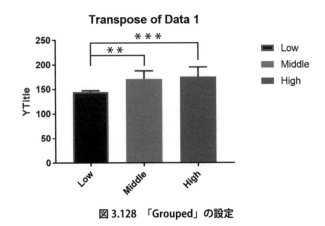

図 3.128　「Grouped」の設定

[4] 統計結果の解説

　計算結果（図 3.120）の 7 行目から、Interaction（処置＊濃度、交互作用）、Concentration（濃度）、Treatment（処置）の p 値が計算されています。7 行目、12 行目に示されているように、Interaction（交互作用）には有意な差はありませんので、最初に立てた 3 番目の帰無仮説「処置と濃度における交互作用はない」（各濃度における処置の傾向は等しい）が成り立ちます。そこで、9 行目の Treatment（処置）の p 値を見てみると、0.0020 となっており、1 ％未満で有意な差となり、1 番目の「対照群と薬物群の効果には差がない」という帰無仮説は棄却され、「薬物の効果に有意な差が認められる」ことが分かります。また、8 行目の Concentration（濃度）の p 値から、$p < 0.0003$ で、0.1 ％未満の有意水準で、2 番目の帰無仮説である「濃度によって差は見られない」は棄却され、「濃度によって効果に差がある」ことが分かります。図 3.129 からも、濃度が高くなるにつれ、値が大きくなっていることが分かります。

　では、どの濃度の条件で効果に差があるのでしょうか。ここで、多重比較である Sidak 法による多重比較の結果（図 3.122）から、中濃度と高濃度の条件で薬物の効果に差があることが

分かりました。同様に、異なる濃度の条件で有意差がありましたが、どの濃度の条件で有意な差があったのでしょうか。Tukey 法による多重比較の結果（図 3.127）の結果から、低濃度と中濃度および、低濃度と高濃度の条件間で有意差がありました。

先ほどの例題では、要因 A は 2 群でしたが、3 群の場合はどうでしょうか。

例題

3 つの薬物の効果を、雄と雌で比較した。各群の例数を 5 として薬物の効果および性差があるかどうか調べたい。

1. 独立変数：要因 A（薬物）　薬物 A、薬物 B、薬物 C
   　　　　　要因 B（性別）雄、雌
2. 従属変数：ある測定値（間隔変数）
3. 帰無仮説：1）それぞれの薬物の効果には差がない。
   　　　　　2）性別によって差は見られない。
   　　　　　3）薬物の効果と性別における交互作用はない（性別によって各薬物の効果の傾向は等しい）。

[5] 統計処理

1. 新しいプロジェクトの作成

Welcome 画面で「New Table & graph」の「Grouped」を選択し、「Enter/import data:」は、各群 N = 5 で実験を行うため、5 回の繰り返しがあるデータとして「Enter 5 replicate values in side-by-side subcolumns」を選択します（図は略）。

次図に示したように、左端の列には Male および Female を、カラム A、B および C にはそれぞれの薬物群のデータを入力します。データを入力したら「Analyze」ボタンをクリックします。

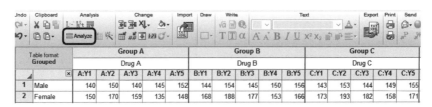

図 3.129　データの入力

第3章 パラメトリック検定

2. 入力データの解析

「Built-in analysis」が選択されていることを確認し、「Grouped analyses」から「Two-way ANOVA」を選択して「OK」ボタンをクリックします。

図 3.130 「Analyze Data」の設定

3. パラメータ画面の「Experimental Design」タブの「Experimental design」の項目では「No matching. Use regular two-way ANOVA (not repeated measures)」を選択し、「Factor names」の項目で「columns:」（列）に「Drugs」（薬物名）を、「rows:」（行）に「Sex」（性別）を入力します。

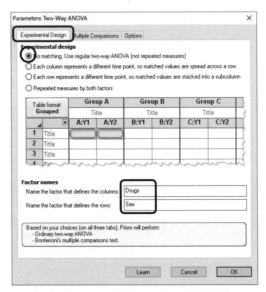

図 3.131 「Parameters: Two-Way ANOVA」の「Experimental Design」の設定

3.9　2つのカテゴリー変数で分類される多群の比較 — 多重比較：Two-way Factorial ANOVA with post-hoc test

4. Prism 7 では、二元配置分散分析の後、ポストホックテストとして、それぞれの行データまたは列データに対し検定を行うことができます。この例題では、3 種類の薬物の効果を男女別で比較をすることにします。「Multiple Comparisons」タブの「What kind of comparison?」の項目で、プルダウンメニューから「Within each row, compare columns (simple effects within rows)」を選択します。また、「Options」タブの「Multiple comparisons test」の項目では、「Correct for multiple comparisons using statistical hypothesis testing」のプルダウンメニューから、ここでは、使用頻度の高い Bonferroni 法を選択し、最後に「OK」ボタンをクリックします。

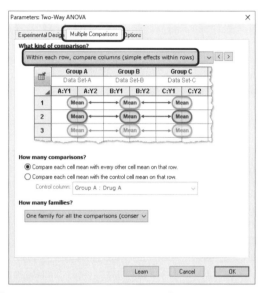

図 3.132　「Parameters: Two-Way ANOVA」の「Multiple Comparisons」の設定

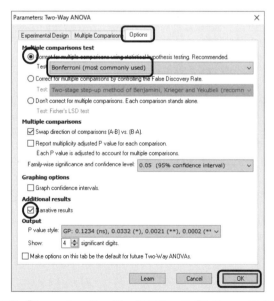

図 3.133　「Parameters: Two-Way ANOVA」の「Options」タブの設定

5. ナビゲータの「Results」フォルダには、計算された結果が表示されます。

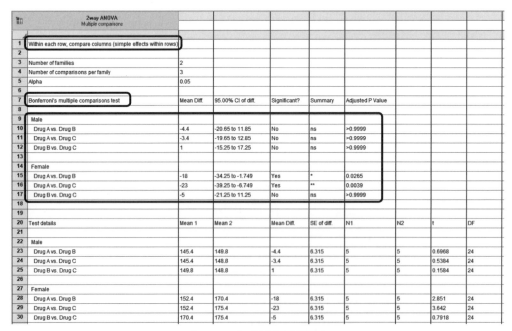

	2way ANOVA Tabular results					
1	Table Analyzed	Data 2				
2						
3	Two-way ANOVA	Ordinary				
4	Alpha	0.05				
5						
6	Source of Variation	% of total variation	P value	P value summary	Significant?	
7	Interaction	7.933	0.1007	ns	No	
8	Sex	38.51	<0.0001	****	Yes	
9	Drugs	15.92	0.0145	*	Yes	
10						
11	ANOVA table	SS	DF	MS	F (DFn, DFd)	P value
12	Interaction	504.3	2	252.1	F (2, 24) = 2.529	P=0.1007
13	Sex	2448	1	2448	F (1, 24) = 24.56	P<0.0001
14	Drugs	1012	2	506.1	F (2, 24) = 5.077	P=0.0145
15	Residual	2392	24	99.68		
16						
17	Number of missing values	0				

図 3.134　計算結果

	2way ANOVA Multiple comparisons									
1	Within each row, compare columns (simple effects within rows)									
2										
3	Number of families	2								
4	Number of comparisons per family	3								
5	Alpha	0.05								
6										
7	Bonferroni's multiple comparisons test	Mean Diff.	95.00% CI of diff.	Significant?	Summary	Adjusted P Value				
8										
9	Male									
10	Drug A vs. Drug B	-4.4	-20.65 to 11.85	No	ns	>0.9999				
11	Drug A vs. Drug C	-3.4	-19.65 to 12.85	No	ns	>0.9999				
12	Drug B vs. Drug C	1	-15.25 to 17.25	No	ns	>0.9999				
13										
14	Female									
15	Drug A vs. Drug B	-18	-34.25 to -1.749	Yes	*	0.0265				
16	Drug A vs. Drug C	-23	-39.25 to -6.749	Yes	**	0.0039				
17	Drug B vs. Drug C	-5	-21.25 to 11.25	No	ns	>0.9999				
18										
19										
20	Test details	Mean 1	Mean 2	Mean Diff.	SE of diff.	N1	N2	t	DF	
21										
22	Male									
23	Drug A vs. Drug B	145.4	149.8	-4.4	6.315	5	5	0.6968	24	
24	Drug A vs. Drug C	145.4	148.8	-3.4	6.315	5	5	0.5384	24	
25	Drug B vs. Drug C	149.8	148.8	1	6.315	5	5	0.1584	24	
26										
27	Female									
28	Drug A vs. Drug B	152.4	170.4	-18	6.315	5	5	2.851	24	
29	Drug A vs. Drug C	152.4	175.4	-23	6.315	5	5	3.642	24	
30	Drug B vs. Drug C	170.4	175.4	-5	6.315	5	5	0.7918	24	

図 3.135　多重比較の計算結果

6. 計算結果の解説は、ナビゲータの「Results」フォルダから「Narrative results」を選びます。

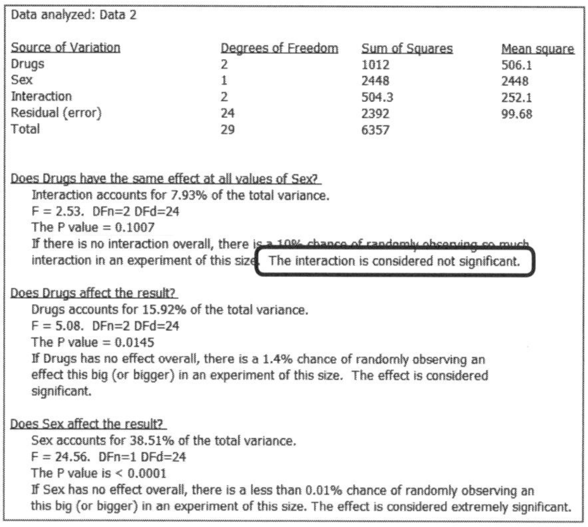

3.9 2つのカテゴリー変数で分類される多群の比較 — 多重比較：Two-way Factorial ANOVA with post-hoc test

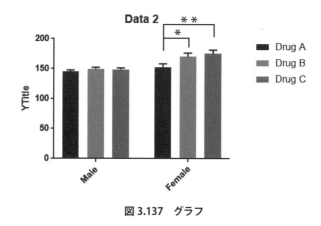

図 3.136 「Narrative results」シート

7. ナビゲータの「Graphs」フォルダをクリックして、薬物の効果を視覚的に確認しておきましょう。

図 3.137 グラフ

[6] 統計結果の解説

　図 3.134 の計算結果の 7 行目から、Interaction（薬物＊性別、交互作用）、Sex（性別）、Drugs（薬物）の p 値が計算されています。7 行目、12 行目に示されているように、交互作用には有意な差はありませんので、最初に立てた 3 番目の帰無仮説「薬物の効果と性別における交互作用はない」が成り立ちます。そこで、9 行目の Drugs（薬物）の p 値を見てみると、0.0145 となっており、5％未満で有意な差となり、1 番目の「各薬物の効果には差がない」という帰無仮説は棄却され「薬物により効果に差が認められる」ことが分かります。それぞれの薬物群で、どの群とどの群の効果に差があるのかは、ナビゲーターの「Multiple comparisons」をクリックし

た結果（図 3.135）の 10 行目以降に、Male および Female 別々に、どの薬物の組合せで有意な差があるかが表示されています。Female においてのみ、薬物 A と薬物 B、および薬物 A と薬物 C との比較において、有意な差があることが分かります。

また、図 3.134 の 8 行目の Sex（性別）の p 値から、$p < 0.0001$ で、0.1％未満の有意水準で、2 番目の帰無仮説である「性別によって差は見られない」は棄却され、薬物の効果に「性別によって差がある」ことが分かります。この例題の場合は、雄と雌における 2 群の比較ですので、性別によって薬物の効果に有意な差があることが分かります。

3.10 2 つのカテゴリー変数で分類される多群の比較 — 交互作用のある場合： Two-way Factorial ANOVA、interaction

前項でも説明したように、二元配置分散分析では、帰無仮説として次の条件を満たしていることが必要です。もし、3. の帰無仮説を満たさない場合、すなわち、通常通りに二元配置分散分析を行った結果、要因 A と要因 B の間の交互作用に有意な差があった場合には結果の解釈が非常に難しくなります。では、どのようにしたら良いでしょうか。

[1] 帰無仮説

1. カテゴリー変数 A（要因 A）で分類された各群の平均値はすべて等しい。
2. カテゴリー変数 B（要因 B）で分類された各群の平均値はすべて等しい。
3. 要因 A と要因 B の間には交互作用がない。

例題

薬物の効果を調べるため雌雄の動物を用いて実験を行った。それぞれの薬物は 3 つの用量を用いて検討した。各群 3 匹でこの薬物の用量により、また、性別により薬効に差があるかどうか調べたい。

1. 独立変数：要因 A（薬物の用量）　Low、Middle、High
   要因 B（性別）　Male、Female
2. 従属変数：間隔変数
3. 帰無仮説：1) 薬物の用量により、薬効に差がない。
   2) 性別により薬効に差がない。
   3) 薬物の用量と性別の違いによる薬効には交互作用はない。

【2】統計処理

1. 新しいプロジェクトの作成

Welcome 画面で「New Table & graph」の「Grouped」を選択し、「Enter/import data:」は、各群 N = 3 で実験を行うため、3 回の繰り返しがあるデータとして「Enter 3 replicate values in side-by-side subcolumns」を選択します。データの入力方法が分からない場合は、「Use tutorial data:」から「Two-way ANOVA - Ordinary - three data sets」を選択し、「Create」ボタンをクリックします。

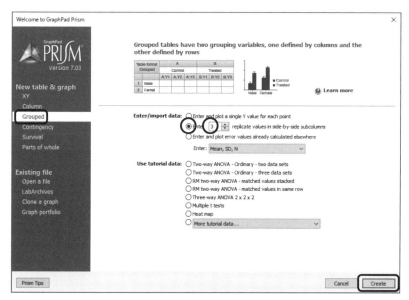

図 3.138 「Grouped」の設定

2. 新規データの入力

次図のように、左側の列には性別（Male、Female）を、GroupA（薬物の低用量：low）、B（中用量：Middle）および C（高用量：High）には各用量における測定値を入力します。データを入力したら「Analyze」ボタンをクリックします。

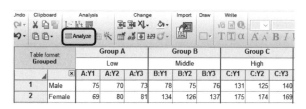

図 3.139 データの入力

3. 入力データの解析

「Built-in analysis」が選択されていることを確認し、「Grouped analyses」から「Two-way

ANOVA」を選択して「OK」ボタンをクリックします。

図 3.140 「Analyze Data」の設定

4. パラメータ画面の「Experimental Design」タブの「Experimental design」の項目では、「No matching. Use regular two-way ANOVA (not repeated measures)」を選択し、「Factor names」の項目では「Name the factor defined the columns:」（列）に「Doses」（用量）を、「Name the factor defined the rows:」（行）に「Sex」（性別）を入力します。

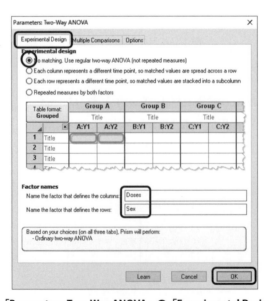

図 3.141 「Parameters: Two-Way ANOVA」の「Experimental Design」の設定

3.10 2つのカテゴリー変数で分類される多群の比較 — 交互作用のある場合：Two-way Factorial ANOVA、interaction

5. ナビゲータの「Results」フォルダには、計算された結果が表示されます。

	2way ANOVA Tabular results				
1	Table Analyzed	Data 1			
2					
3	Two-way ANOVA	Ordinary			
4	Alpha	0.05			
5					
6	Source of Variation	% of total variation	P value	P value summary	Significant?
7	Interaction	8.255	<0.0001	****	Yes
8	Sex	19.53	<0.0001	****	Yes
9	Doses	71.04	<0.0001	****	Yes
10					
11	ANOVA table	SS	DF	MS	F (DFn, DFd)	P value
12	Interaction	2142	2	1071	F (2, 12) = 42.09	P<0.0001
13	Sex	5067	1	5067	F (1, 12) = 199.1	P<0.0001
14	Doses	18432	2	9216	F (2, 12) = 362.2	P<0.0001
15	Residual	305.3	12	25.44		
16					
17	Number of missing values	0			

図 3.142　計算結果

6. 計算結果の解説は、ナビゲータの「Results」フォルダから、「Narrative results」を選択します。結果の表の7行目にも計算されているように、用量と性別の間で交互作用が有意であるため、用量（Doses）および、性別（Sex）による薬効の差にそれぞれ有意な差が出ていますが、解釈が難しいことなどが書かれています。

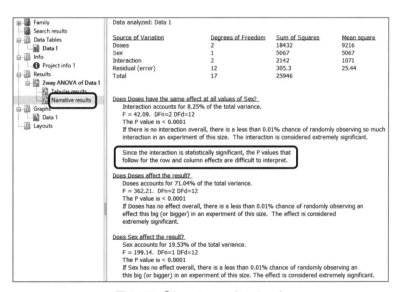

図 3.143　「Narrative results」シート

7. では、ナビゲータの「Graphs」フォルダをクリックして、薬物の効果を視覚的に確認しておきましょう。

第3章 パラメトリック検定

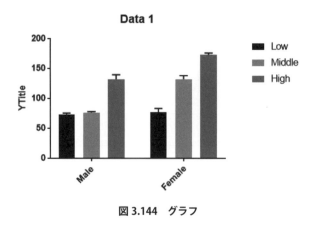

図 3.144　グラフ

8. この例題のように交互作用が認められる場合は、2要因で分類されるすべての組合せ（2要因×3要因＝6群）を一元配置分散分析で検定を行った後に多重比較検定を行うことが推奨されていました。Prism 7 では、二元配置分散分析で解析するデータをそのまま使って、上記と同じ多重比較検定を行うことができるようになりました。

　パラメータ画面の「Multiple Comparisons」タブで、「What kind of comparison?」の項目のプルダウンメニューから「Compare cell mean regardless of rows and columns」を選択します。一元配置分散分析と同じように、すべてのデータの平均の多重比較を行うことができます。多重比較検定方法も、一元配置分散分析と同じ方法を用いることができます。ここでは、「Options」タブの「Correct for multiple comparisons using statistical hypothesis testing.」の項目の「Test:」プルダウンメニューから Tukey 法を選択することにし、最後に「OK」ボタンをクリックします。

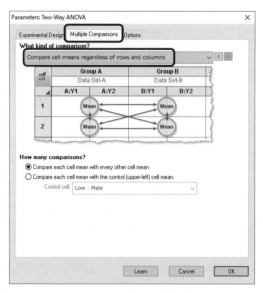

図 3.145　「Parameters: Two-Way ANOVA」の「Multiple Comparisons」の設定

3.10 2つのカテゴリー変数で分類される多群の比較 — 交互作用のある場合:Two-way Factorial ANOVA、interaction

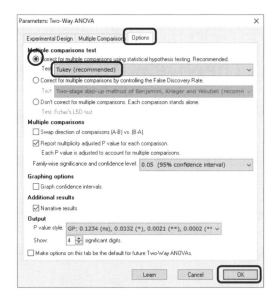

図3.146 「Parameters: Two-Way ANOVA」の「Options」タブの設定

9. ナビゲータの「Results」フォルダには、計算された結果が表示されます。

	2way ANOVA Multiple comparisons					
1	Compare cell means regardless of rows and columns					
2						
3	Number of families	1				
4	Number of comparisons per family	15				
5	Alpha	0.05				
6						
7	Tukey's multiple comparisons test	Mean Diff.	95.00% CI of diff.	Significant?	Summary	Adjusted P Value
8						
9	Male:Low vs. Male:Middle	-3.667	-17.5 to 10.17	No	ns	0.9418
10	Male:Low vs. Male:High	-59.33	-73.17 to -45.5	Yes	****	<0.0001
11	Male:Low vs. Female:Low	-4	-17.83 to 9.834	No	ns	0.9186
12	Male:Low vs. Female:Middle	-59.67	-73.5 to -45.83	Yes	****	<0.0001
13	Male:Low vs. Female:High	-100	-113.8 to -86.17	Yes	****	<0.0001
14	Male:Middle vs. Male:High	-55.67	-69.5 to -41.83	Yes	****	<0.0001
15	Male:Middle vs. Female:Low	-0.3333	-14.17 to 13.5	No	ns	>0.9999
16	Male:Middle vs. Female:Middle	-56	-69.83 to -42.17	Yes	****	<0.0001
17	Male:Middle vs. Female:High	-96.33	-110.2 to -82.5	Yes	****	<0.0001
18	Male:High vs. Female:Low	55.33	41.5 to 69.17	Yes	****	<0.0001
19	Male:High vs. Female:Middle	-0.3333	-14.17 to 13.5	No	ns	>0.9999
20	Male:High vs. Female:High	-40.67	-54.5 to -26.83	Yes	****	<0.0001
21	Female:Low vs. Female:Middle	-55.67	-69.5 to -41.83	Yes	****	<0.0001
22	Female:Low vs. Female:High	-96	-109.8 to -82.17	Yes	****	<0.0001
23	Female:Middle vs. Female:High	-40.33	-54.17 to -26.5	Yes	****	<0.0001

図3.147 計算結果

[3] 統計結果の解説

　雄では、高用量においてのみ薬の効果があること、雌では、用量依存的に効果が増大することが分かります。同じ用量で雌雄を比較した場合、低用量では差はありませんが、中用量、高用量では、雌の方が薬の効果が強く現れることが分かります。

3.11 3つのカテゴリー変数で分類される多群の比較：Three-way Factorial ANOVA

　Prism 7 では、三元配置分散分析の計算ができるようになっています。ただし、2×2×2 のモデルに限ります。個々の要因に対して多重比較検定をしなくても、それぞれの要因に対して、有意な差があるかどうか調べることができます。

[1] 帰無仮説

1. カテゴリー変数 A（要因 A）で分類された各群の平均値はすべて等しい。
2. カテゴリー変数 B（要因 B）で分類された各群の平均値はすべて等しい。
3. カテゴリー変数 C（要因 C）で分類された各群の平均値はすべて等しい。
4. 各要因の間には交互作用がない。

例題

男女別に、喫煙習慣（軽喫煙者とヘビー喫煙者）、食事習慣（低脂肪食と高脂肪食）の影響で、運動耐性に違いがあるかどうかを調べたい。データは、Prism 7 のサンプルデータを使用しています。

1. 独立変数：要因 A（性別）　男性、女性
　　　　　　要因 B（食事習慣）　低脂肪食、高脂肪食
　　　　　　要因 C（喫煙習慣）　軽喫煙者、ヘビー喫煙者
2. 従属変数：間隔変数
3. 帰無仮説：1）性別の違いにより、運動耐性に差がない。
　　　　　　2）食事習慣の違いにより、運動耐性に差がない。
　　　　　　3）喫煙歴習慣の違いにより、運動耐性に差がない。
　　　　　　4）性別、食事習慣、喫煙習慣のそれぞれの違いによる運動耐性には交互作用はない（性別 vs 食事習慣、性別 vs 喫煙習慣、食事習慣 vs 喫煙習慣、性別 vs 食事習慣 vs 喫煙習慣）。

[2] 統計処理

1. 新しいプロジェクトの作成
　Welcome 画面で「New Table & graph」の「Grouped」を選択し、「Enter/import data:」は、各群 N = 3 で実験を行うため、3 回の繰り返しがあるデータとして「Enter 3 replicate values in

side-by-side subcolumns」を選択します。データの入力方法が分からない場合は、「Use tutorial data:」から「Three-way ANOVA 2 × 2 × 2」を選択し、「Create」ボタンをクリックします。

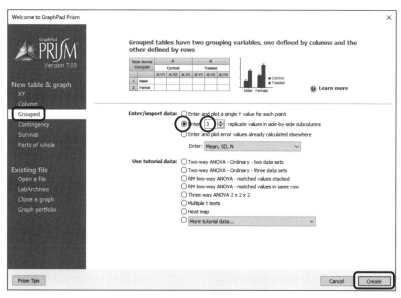

図 3.148　「Grouped」の設定

2. 新規データの入力

次図のように、左側の列には喫煙習慣（軽喫煙者、ヘビー喫煙者）を、Group A、B、C、D の1行目には性別（男性、女性）、2行目には食事習慣（低脂肪食、高脂肪食）を入力します。2行目の要因を入力するときは、そのセルにある改行記号をクリックすることにより、セル内で改行をすることができます。Prism 7 の Windows 版の場合は、Preferences パネルでフォント設定を変更する必要があります。以下の画像ではメイリオフォントを使用し、文字セットを「日本語」にする必要があります。Mac 版では、そのままで日本語入力が可能となっているようで、文字化けせず、統計結果、グラフへの表示が可能です。各データを入力したら、「Analyze」ボタンをクリックします。

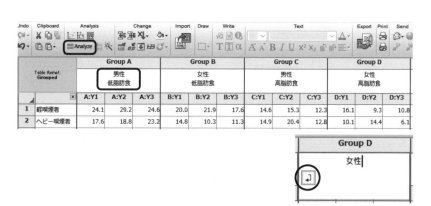

図 3.149　データの入力

図 3.150 「Preferences」の View から Font の設定　　図 3.151 Font の設定

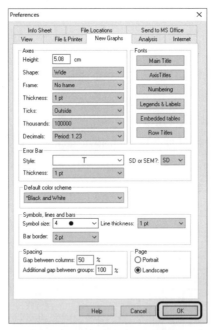

図 3.152 「Preferences」の設定

3. 入力データの解析

「Built-in analysis」が選択されていることを確認し、「Grouped analyses」から「Three-way ANOVA」を選択して「OK」ボタンをクリックします。

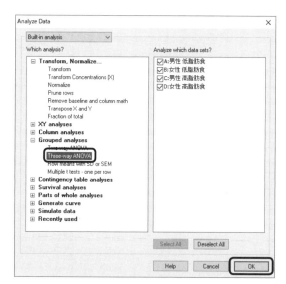

図 3.153 「Analyze Data」の設定

4. パラメータ画面の「Data Arrangement」タブの「Data arrangement」の項目に示されているように、「Factor names」の項目のところで、要因名を入力します。ここでは、1 行目に「男性 vs 女性」(性別) を、2 行目に「低脂肪食 vs 高脂肪食」(食事習慣) および「軽喫煙者 vs ヘビー喫煙者」(喫煙習慣) を入力します。

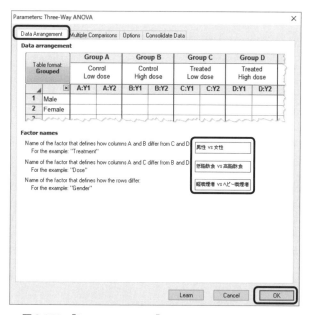

図 3.154 「Parameters」の「Data Arrangement」の設定

5. ナビゲータの「Results」フォルダには、計算された結果が表示されます。

第3章　パラメトリック検定

	3way ANOVA				
1	Table Analyzed	Data 1			
2					
3	Three-way ANOVA	Ordinary			
4	Alpha	0.05			
5					
6	Source of Variation	% of total variation	P value	P value summary	Significant?
7	軽喫煙者 vs ヘビー喫煙者	9.538	0.0144	*	Yes
8	男性 vs 女性	32.87	0.0001	***	Yes
9	低脂肪食 vs 高脂肪食	23.93	0.0005	***	Yes
10	軽喫煙者 vs ヘビー喫煙者 x 男性 vs 女性	9.818	0.0132	*	Yes
11	軽喫煙者 vs ヘビー喫煙者 x 低脂肪食 vs 高脂肪食	1.5	0.2923	ns	No
12	男性 vs 女性 x 低脂肪食 vs 高脂肪食	1.85	0.2441	ns	No
13	軽喫煙者 vs ヘビー喫煙者 x 男性 vs 女性 x 低脂肪食 vs 高脂肪食	0.2535	0.6604	ns	No
14					
15	ANOVA table	SS	DF	MS	F (DFn, DFd)	P value
16	軽喫煙者 vs ヘビー喫煙者	70.38	1	70.38	F (1, 16) = 7.539	P=0.0144
17	男性 vs 女性	242.6	1	242.6	F (1, 16) = 25.98	P=0.0001
18	低脂肪食 vs 高脂肪食	176.6	1	176.6	F (1, 16) = 18.92	P=0.0005
19	軽喫煙者 vs ヘビー喫煙者 x 男性 vs 女性	72.45	1	72.45	F (1, 16) = 7.761	P=0.0132
20	軽喫煙者 vs ヘビー喫煙者 x 低脂肪食 vs 高脂肪食	11.07	1	11.07	F (1, 16) = 1.186	P=0.2923
21	男性 vs 女性 x 低脂肪食 vs 高脂肪食	13.65	1	13.65	F (1, 16) = 1.462	P=0.2441
22	軽喫煙者 vs ヘビー喫煙者 x 男性 vs 女性 x 低脂肪食 vs 高脂肪食	1.87	1	1.87	F (1, 16) = 0.2004	P=0.6604
23	Residual	149.4	16	9.335		

図 3.155　計算結果

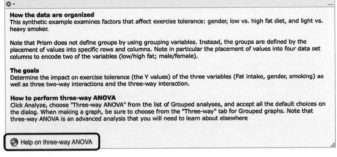

図 3.156　計算結果解説

6. 三元配置分散分析を実施する際の注意書きがありますので、参照しておいてください。Help on three-way ANOVA のウェブサイトも参考になります。

　計算結果の解説は、結果の表の 7 行目にも計算されているように、喫煙習慣、食事習慣、および、性別の要因のいずれにおいても有意な差がありました。ただし、喫煙習慣と食事習慣の要因には交互作用に差がありますので、交互作用がでないような 2 元配置分散分析で再計算をすることをお薦めします。

7. 三元配置分散分析では、グラフの表示方法が特殊になっています。「Change Graph Type」画面で、「Graph family:」を「Grouped」にし、「Three-way」を選択します。

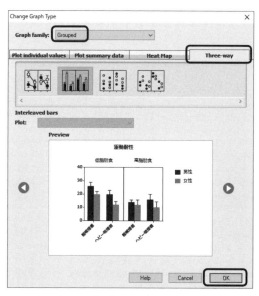

図 3.157　グラフ

[3] 統計結果の解説

　計算結果から、喫煙習慣によって差があり、ヘビー喫煙者の方が運動耐性が低いこと、食事習慣の影響では、高脂肪食を食べている人の方が運動耐性が低いこと、さらに男女の性別では、女性の運動耐性が低い結果になりました。ただし、喫煙習慣と食事習慣との間に交互作用があるので、結果の解釈には注意が必要です。

第4章

ノンパラメトリック検定

4.1 独立した2群の比較：Mann-Whitney U-test

[1] 帰無仮説

独立した2群の中央値（メディアン）m_1、m_2について、帰無仮説は以下のようになります。

$H_0: m_1 - m_2 = 0$

[2] 使用条件

1. 従属変数は、順序（連続）変数である。
2. 2群のカテゴリーからなる独立変数は互いに独立である。
3. 各群のn数は、少なくとも各々4つ以上必要である。

対応のないt検定のノンパラメトリック版です。データが間隔変数でなく、順序変数で、正規分布していない場合でも使えます。一般に、t検定と比べ検出力（有意差の出やすさ）が若干劣りますので、t検定が使える場合には、t検定を使用した方が良いでしょう。

第 4 章　ノンパラメトリック検定

> **例題**
>
> 2 つの鎮痛薬の鎮痛効果を比べるため、痛みの度合いをビジュアルアナログスケールにして比較した。2 つの薬の効果に差があるかどうか調べたい。
>
> 1.　独立変数：薬物 A 投与群、薬物 B 投与群（カテゴリー変数）
> 2.　従属変数：痛みのビジュアルアナログスケール（間隔変数）
>   痛みなし～最も強い痛み（0 ～ 5）の 6 段階のビジュアルスケール化したものを使用
> 3.　帰無仮説：2 つの鎮痛薬の効果は等しい。

[3] 統計処理

1. 新しいプロジェクトの作成

Welcome 画面で「New Table & graph」の「Column」を選択し、「Enter/import data:」の「Enter replicate values, stacked into columns」を選択します。「Create」ボタンをクリックして次に進みます。

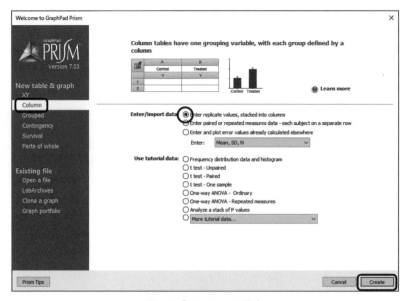

図 4.1　「Column」の設定

2. 新規データの入力

Group A および B に、比較したいサンプル集団の個々のデータを入力します。データを入力したら、「Analyze」ボタンをクリックします。

4.1 独立した2群の比較：Mann-Whitney U-test

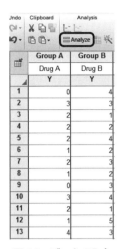

図 4.2 データの入力

3. 入力データの解析

「Analyze」ボタンをクリックすると、下記の画面が現れます。ここでは、「Built-in analysis」が選択されていることを確認し、「Column analyses」の「t tests (and nonparametric test)」を選択して、「OK」ボタンをクリックします。

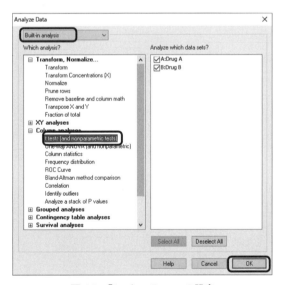

図 4.3 「Analyze Data」の設定

4. パラメータ画面の「Experimental design」では、対応がない検定の「Unpaired」、「Assume Gaussian distribution?」では、ガウス分布をすることを仮定しませんので、「No. Use nonparametric test」にチェックを入れると、「Choose test」が自動的に「Mann-Whitney test. Compare ranks」に変わります。

「Options」タブでは、「Two-tailed」（両側検定）、および「Confidence level:」は「95 %」を選択し、

175

「OK」ボタンをクリックします。

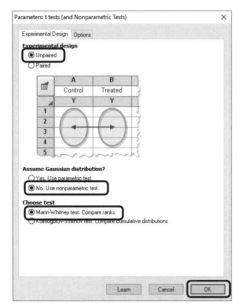

図 4.4 「Parameters: t tests」の設定　　図 4.5 「Parameters: t tests」の「Options」タブの設定

5. ナビゲータの「Results」フォルダには、計算された結果が表示されます。

	Mann-Whitney test	
1	Table Analyzed	Data 1
2		
3	Column B	Drug B
4	vs.	vs.
5	Column A	Drug A
6		
7	Mann Whitney test	
8	P value	0.0385
9	Exact or approximate P value?	Exact
10	P value summary	*
11	Significantly different (P < 0.05)?	Yes
12	One- or two-tailed P value?	Two-tailed
13	Sum of ranks in column A,B	136 , 215
14	Mann-Whitney U	45
15		
16	Difference between medians	
17	Median of column A	2, n=13
18	Median of column B	3, n=13
19	Difference: Actual	1
20	Difference: Hodges-Lehmann	1

図 4.6　計算結果

6. ナビゲータの「Graphs」フォルダをクリックすると、グラフが表示されます。平均値と標準偏差を示した棒グラフができていますが、この例題では、箱ヒゲ図に変更してみます。箱ヒゲ図のアイコンを選択し、「Plot:」は「Min to Max」（最小値から最大値）を選択し、「OK」ボタンをクリックします。

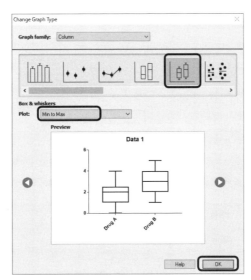

図 4.7　グラフ（箱ヒゲ図）

このような箱ヒゲ図ではなく、棒グラフでグラフを作りたい場合は、図 4.8 のように棒グラフのアイコンを選択し、「Plot:」を「Median with interquartile range」（中央値と第 1 および第 3 四分位数）で示すと、中央値を棒グラフで、上下のエラーバーで 25 % から 75 % の範囲（range）を示すことができます。

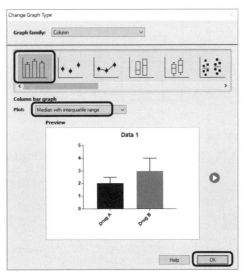

図 4.8　グラフ（棒グラフ）

この場合、当然ですが、エラーバーは、上下で長さが異なることになります。範囲を示すエラーバーは見えないので、グラフのフォーマットを変更します。できあがったグラフの変更したい箇所をダブルクリックし、「Data Set:」のポップアップメニューで「Change All Data Sets」（すべてのデータを同様に変更）、「Plot:」は「Median with interquartile range」、「Error bars」の「Dir:」

（向き）では「Both」を選択し、「OK」ボタンをクリックします。

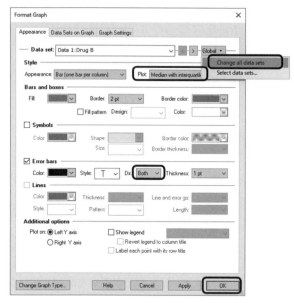

図 4.9　グラフ（棒グラフ）の設定

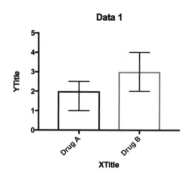

図 4.10　棒グラフ（中央値と第 1 および第 3 四分位数）

[4] 統計結果の解説

　テストは、Wilcoxon rank sum test とほぼ同じものですが、Wilcoxon signed rank test とは異なります。基本的な考え方は、すべての群の各々のデータに順位（ランク）を付け、このランキングを群ごとに合計し、その値を比較します。この例では、12 行目にそれぞれの群のランクの合計（Sum of ranks）が出ています。薬物 A 群のランクの合計が「136」、薬物 B 群のランクの合計が「215」と大きな差があります。これらの値を元に検定を行った結果、8 行目に p 値が「0.0385」と計算されました。この値は $p < 0.05$ となりますので、帰無仮説は棄却され、「薬物 A の方が薬物 B よりも鎮痛効果が強い」ことが分かります。

ノンパラメトリックテストでは、本来、同順位のものはないものと仮定していますので、例題のように同順位のデータがある場合には、同順位補正を行います。以前のバージョンでは同順位補正がされていなかったようですが、このバージョンでは同順位補正された結果が表示されています。（Prism computed an exact P value (0.0385), which takes into account ties among values. Note that most other programs do not compute exact P values when there are tied values, but would instead report an approximate P value (0.0400).）

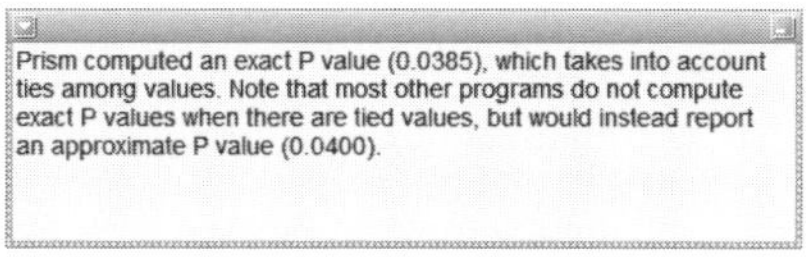
Prism computed an exact P value (0.0385), which takes into account ties among values. Note that most other programs do not compute exact P values when there are tied values, but would instead report an approximate P value (0.0400).

図 4.11　p 値の計算

4.2　独立した3群以上の比較：Kruskal-Wallis test with post-hoc test

[1] 帰無仮説

独立した3群以上の中央値（メディアン）は等しい。

[2] 使用条件

1. 従属変数は、順序（連続）変数である。
2. 3群以上のカテゴリーからなる独立変数は互いに独立である。
3. 各群のn数は、少なくとも各々4つ以上必要である。

各群のデータが正規分布していないか、分散が均一（等しい）とみなせない場合には、クラスカル・ワーリス検定（Kruskal-Wallis test）を用いて検定します。この方法は、データの順位（rank）を用いて一元配置分散分析法を行う方法であり、一元配置分散分析法のノンパラメトリック版にあたります。データが間隔変数でなく順序変数で、正規分布していない場合でも使うことができます。一般に、一元配置分散分析法と比べ検出力（有意差の出やすさ）が若干劣りますので、データ数が少ない場合や、データ分布が正規分布とみなせる場合には、一元配置分散分析法（パラメトリック検定）を使用した方が良いでしょう。

第 4 章　ノンパラメトリック検定

> **例題**
>
> 3 つの抗うつ薬の効果を調べるために、ほぼ同様の症状を示す 24 名の患者を 3 群に分け、各々の薬による治療を行った。治療後の効果判定は、0 = 不変、1 = やや改善、2 = 中等度改善、3 = 著効、の 4 段階で行った。3 つの薬の効果に差があるかどうか調べたい。
>
> 1. 独立変数：薬物 A、薬物 B、薬物 C（カテゴリー変数）
> 2. 従属変数：改善度スコア（順序変数）
> 3. 帰無仮説：3 つの抗うつ薬の効果は等しい。

[3] 統計処理

1. 新しいプロジェクトの作成

Welcome 画面で「New Table & graph」の「Column」を選択し、「Enter/import data:」の「Enter replicate values, stacked into columns」を選択、「Create」ボタンをクリックして次に進みます。

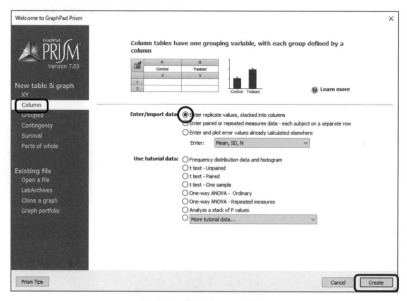

図 4.12　「Column」の設定

2. 新規データの入力

Group A、B および C に、比較したいサンプル集団の個々のデータを入力します。データを入力したら「Analyze」ボタンをクリックします。

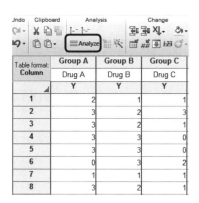

図 4.13　データの入力

3. 入力データの解析

「Built-in analysis」が選択されていることを確認し、「Column analyses」の「One-way ANOVA (and nonparametric)」を選択して「OK」ボタンをクリックします。

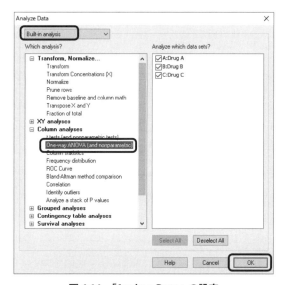

図 4.14　「Analyze Data」の設定

4. パラメータ画面の「Experimental design」の項目で「No matching or pairing」を選択し、「Assume Gaussian distribution?」では「No. Use nonparametric test.」を選択すると、自動的に「Kruskal-Wallis test」が選択されます。ポストホックテストは、Dunn's 多重比較テストが使われます。「Options」タブで確認ができます。

「Multiple Comparisons」タブで、ポストテストを行わなければ、「Followup tests」の項目は「None」を選択し、すべての群の組合せを比較する場合は「Compare the mean rank of each column with the mean rank of every other column」、対照群に対して比較する場合は「Compare the mean rank of each column with the mean rank of a control column」、特定の組合せについての

み比較をする場合には「Compare the mean ranks of preselected pairs of columns」を選択し、「OK」ボタンをクリックします。この例題では、まず、すべての群の比較をしてみます。

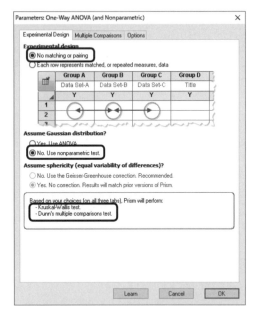

図 4.15 「One-way ANOVA」の設定　　図 4.16 「One-way ANOVA」の設定

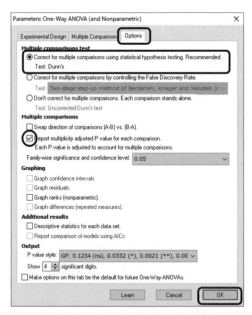

図 4.17 「One-way ANOVA」の設定

5. ナビゲータの「Results」フォルダには、計算された結果が表示されます。4 行目の p 値を見ると、0.0765 となっており、有意な差ではなく、「3 つの抗うつ薬の効果は等しい」という

4.2 独立した3群以上の比較：Kruskal-Wallis test with post-hoc test

帰無仮説は棄却されませんでしたので、3つの抗うつ薬の効果に差はないことになります。

	1way ANOVA ANOVA	
1	Table Analyzed	Data 1
2		
3	Kruskal-Wallis test	
4	P value	0.0765
5	Exact or approximate P value?	Approximate
6	P value summary	ns
7	Do the medians vary signif. (P < 0.05)	No
8	Number of groups	3
9	Kruskal-Wallis statistic	5.142
10		
11	Data summary	
12	Number of treatments (columns)	3
13	Number of values (total)	24

図 4.18　計算結果

	1way ANOVA Multiple comparisons					
1	Number of families	1				
2	Number of comparisons per family	3				
3	Alpha	0.05				
4						
5	Dunn's multiple comparisons test	Mean rank diff.	Significant?	Summary	Adjusted P Value	
6						
7	Drug A vs. Drug B	1.125	No	ns	>0.9999	A-B
8	Drug A vs. Drug C	7.125	No	ns	0.1048	A-C
9	Drug B vs. Drug C	6	No	ns	0.2272	B-C
10						
11						
12	Test details	Mean rank 1	Mean rank 2	Mean rank diff.	n1	n2
13						
14	Drug A vs. Drug B	15.25	14.13	1.125	8	8
15	Drug A vs. Drug C	15.25	8.125	7.125	8	8
16	Drug B vs. Drug C	14.13	8.125	6	8	8

図 4.19　計算結果

6. では、データの分布はどうだったのでしょうか。ナビゲータの「Graphs」フォルダをクリックすると、サンプルデータの分布を見ることができます。

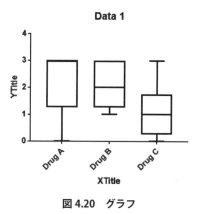

図 4.20　グラフ

183

7. クラスカル・ワーリス検定で有意な差が得られた場合はどうすれば良いでしょうか。パラメトリックテストである一元配置分散分析法の場合のように、ポストホック検定は行うことができるのでしょうか。先ほどとは異なるデータを用いて説明します。

まずデータを入力し、「Analyze」ボタンをクリックします。

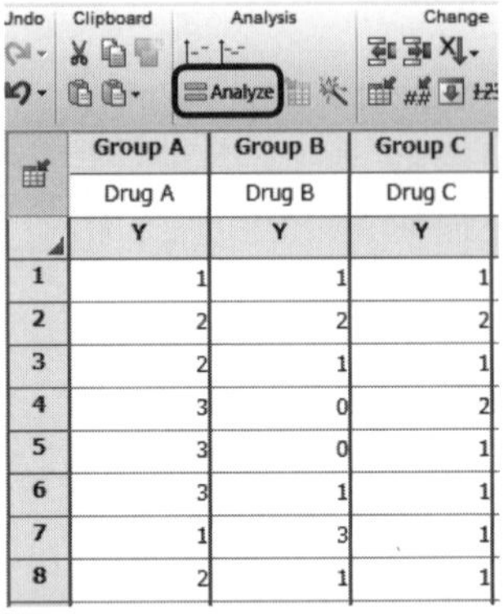

図 4.21　別なデータの入力

8. 先ほどと同様に、パラメータ画面の「Experimental design」の項目で「No matching or pairing」を選択し、「Assume Gaussian distribution?」では「No. Use nonparametric test.」を選択すると、自動的に「Kruskal-Wallis test」が選択されます。ポストホックテストは、Dunn's 多重比較テストが使われます。「Options」タブで確認ができます。

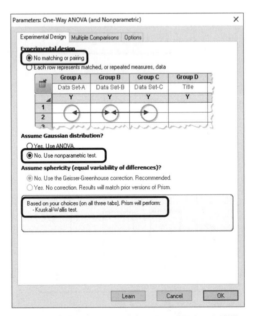

図 4.22　「Parameters: One-Way ANOVA」の設定

「Multiple Comparisons」タブで、「Compare the mean rank of each column with the mean rank of every other column」を選択し、「OK」ボタンをクリックします。

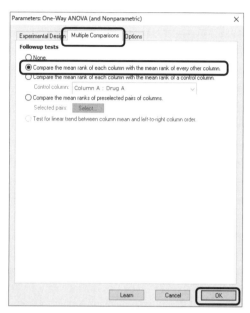

図 4.23 「Parameters: One-Way ANOVA」の「Multiple Comparison」の設定

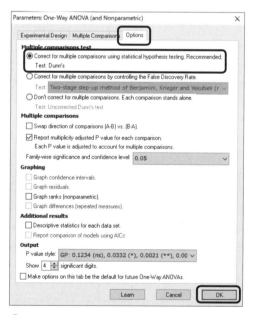

図 4.24 「Parameters: One-Way ANOVA」の「Options」タブの設定

9. ナビゲータの「Results」フォルダには、計算された結果が表示されます。4 行目の p 値を見ると、0.0469 となっており、有意な差があることが分かります。

第4章 ノンパラメトリック検定

	1way ANOVA ANOVA	
1	Table Analyzed	Data 2
2		
3	Kruskal-Wallis test	
4	P value	0.0469
5	Exact or approximate P value?	Approximate
6	P value summary	*
7	Do the medians vary signif. (P < 0.05)?	Yes
8	Number of groups	3
9	Kruskal-Wallis statistic	6.118
10		
11	Data summary	
12	Number of treatments (columns)	3
13	Number of values (total)	24

図 4.25　計算結果

	1way ANOVA Multiple comparisons					
1	Number of families	1				
2	Number of comparisons per family	3				
3	Alpha	0.05				
4						
5	Dunn's multiple comparisons test	Mean rank diff.	Significant?	Summary	Adjusted P Value	
6						
7	Drug A vs. Drug B	7.5	No	ns	0.0655	A-B
8	Drug A vs. Drug C	6.375	No	ns	0.1538	A-C
9	Drug B vs. Drug C	-1.125	No	ns	>0.9999	B-C
10						
11						
12	Test details	Mean rank 1	Mean rank 2	Mean rank diff.	n1	n2
13						
14	Drug A vs. Drug B	17.13	9.625	7.5	8	8
15	Drug A vs. Drug C	17.13	10.75	6.375	8	8
16	Drug B vs. Drug C	9.625	10.75	-1.125	8	8

図 4.26　計算結果

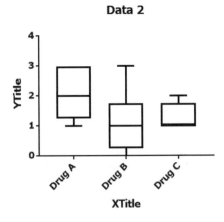

図 4.27　グラフ

10. もしここで、パラメトリック検定の Dunnett's Multiple Comparison Test のように、Drug A が対照群で、対照群に対してのみに比較する意味があり、処置群間での比較は行う必要がない場合や、特定の群の比較のみをする必要がある場合には、どのようにしたら良いでしょうか。

先ず図 4.28 のように、「Multiple Comparisons」タブの「Followup tests」の項目で、対照群（この例では Drug A）に対して比較することにし、「Compare the mean rank of each column with the mean rank of a control column」を選択し、「OK」ボタンをクリックします。

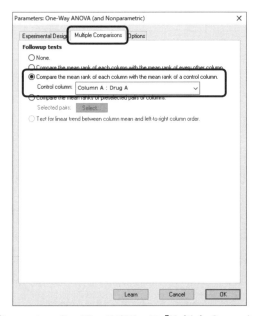

図 4.28　「Parameters: One-Way ANOVA」の「Multiple Comparison」の設定

11. 次に、ここでは Drug A を対照群とし、対照群と Drug B、および対照群と Drug C の比較だけを行うように比較をしたいので、それぞれプルダウンメニューから選択し、「Select」ボタンをクリックして必要な組合せ分を追加します。最後に「OK」ボタンをクリックします。

12. 計算結果が、ナビゲータの「Results」フォルダに表示されます。

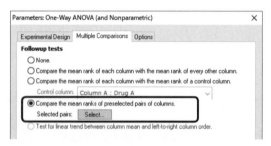

図 4.29　計算結果

13. Drug A を対照群とせず、特定の組合せの比較を行うことも可能です。Drug A と Drug B、および Drug A と Drug C の比較だけを行うようにし、それぞれプルダウンメニューから選択し、「Select」ボタンをクリックして必要な組合せ分を追加します。最後に「OK」ボタンをクリックします。

図 4.30　「Parameters: One-Way ANOVA」の比較する群の設定

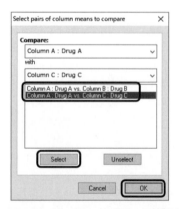

図 4.31　「Parameters: One-Way ANOVA」の比較する群の設定

	1 way ANOVA Multiple comparisons					
1	Number of families	1				
2	Number of comparisons per family	2				
3	Alpha	0.05				
4						
5	Dunn's multiple comparisons test	Mean rank diff.	Significant?	Summary	Adjusted P Value	
6						
7	Drug A vs. Drug B	7.5	Yes	*	0.0437	A-B
8	Drug A vs. Drug C	6.375	No	ns	0.1025	A-C
9						
10						
11	Test details	Mean rank 1	Mean rank 2	Mean rank diff.	n1	n2
12						
13	Drug A vs. Drug B	17.13	9.625	7.5	8	8
14	Drug A vs. Drug C	17.13	10.75	6.375	8	8

図 4.32　多重比較の計算結果

[4] 統計結果の解説

　最初のデータの場合、図 4.19 のように、薬物 A 群の平均順位が「15.25」、薬物 B 群の平均順位が「14.13」、薬物 C 群の平均順位が「8.125」となっています。これらの値から基礎統計量を計算し、図 4.18 の 9 行目に「5.142」と表示されています。この値を元に p 値を求めると、0.0765 となっており、危険率 5 ％で帰無仮説は棄却できず、「3 つの抗うつ薬の効果には、統計学的に有意な差は認められない」ことになります。

　2 つ目のデータを同様に解析すると、図 4.26 のように、薬物 A 群の平均順位が「17.13」、薬物 B 群の平均順位が「9.625」、薬物 C 群の平均順位が「10.75」となり、これらの値から基礎統計量は図 4.26 のように「6.118」となりますので、この値を元に p 値を求めると、図 4.25 から 0.0469 となり、危険率 5 ％で帰無仮説は棄却され、「3 つの抗うつ薬の効果は、すべて等しいわけではない」ことになります。ここで図 4.27 を見て、薬物 B の効果が悪そうなので、この薬には抗うつ効果がないと言えるでしょうか。前述したように、クラスカル・ワーリス検定では、3 つの抗うつ薬の効果がすべて同じでないことが分かるだけで、どの薬とどの薬に違いがあるのかは分かりません。パラメトリックテストでは、ポストホックテストとしていくつかの多重比較検定がありましたが、ノンパラメトリックテストでも多重比較を行うことができます。「Dunn's Multiple Comparison Test」と呼ばれるもので、すべての群の組合せを検定する方法と、対照群に対する組合せを検定する方法と、比較したい群の組合せを検定する方法があります。基本的には、パラメトリックテストにおける Bonferroni 法と同じものです。

　図 4.26 では、すべての群の組合せを検定しています。薬物 A と薬物 B とでは、ランクの平均順位の差は、「17.13 − 9.625 = 7.5」、薬物 A と薬物 C とでは、ランクの平均順位の差は、「17.13 − 10.75 = 6.375」、薬物 B と薬物 C とでは、ランクの平均順位の差は、「9.625 − 10.75 = −1.125」となり、これらの値から、それぞれ p 値が 0.0655、0.1538、>0.9999 となり、どの群

との比較においても、有意な差は得られませんでした。では、Drug A を陽性対照群とし、対照群と Drug B、および対照群と Drug C の効果のみを比較してみましょう。図 4.32 に示したように、比較する群が 3 群から 2 群に減っていますので、調整される p 値が変わり、Drug A と Drug B の間で、有意な差が得られました。

　今回は Drug A に対して比較しましたが、「Compare the mean ranks of preselected pairs of columns」を選択し、「Selected pairs:」から「Select...」をクリックして、比較をしたい群の組合せをそれぞれプルダウンメニューから選択し、「Select」ボタンをクリックして必要な組合せ分を追加し、比較検定を行うこともできます。この方法では、あらかじめ比較する組合せが適切であるかどうかを、帰無仮説を立てる段階で決めておく必要があります。Drug A と Drug B、および Drug A と Drug C の比較を選んだ場合の結果は、Drug A を対照群として計算したものと同じになります（図 4.33）。

すべての群を比較

Dunn's multiple comparisons test	Mean rank diff.	Significant?	Summary	Adjusted P Value	
Drug A vs. Drug B	7.5	No	ns	0.0655	A-B
Drug A vs. Drug C	6.375	No	ns	0.1538	A-C
Drug B vs. Drug C	-1.125	No	ns	>0.9999	B-C

Drug A 群を対照群として比較

Dunn's multiple comparisons test	Mean rank diff.	Significant?	Summary	Adjusted P Value	A-?	
Drug A vs. Drug B	7.5	Yes	*	0.0437	B	Drug B
Drug A vs. Drug C	6.375	No	ns	0.1025	C	Drug C

比較したい 2 群を選択して比較

Dunn's multiple comparisons test	Mean rank diff.	Significant?	Summary	Adjusted P Value	
Drug A vs. Drug B	7.5	Yes	*	0.0437	A-B
Drug A vs. Drug C	6.375	No	ns	0.1025	A-C

図 4.33　多重比較の計算結果

4.3 対応のある2群の比較： Wilcoxon signed rank test

[1] 帰無仮説
対応する2群の中央値（メディアン）は等しい。

[2] 使用条件
1. 従属変数は、連続（間隔変数または順序変数）変数である。
2. 2群のカテゴリーからなる独立変数は互いに従属である。
3. データのペア数は、少なくとも各々6つ以上必要である。（有意水準が5％のとき）

対応のある t 検定のノンパラメトリック版で、「Wilcoxonの符号付順位検定」と呼ばれます。Wilcoxon rank sum test（= Mann-Whitney U-test）とは異なる検定法ですので、混同しないように注意してください。パラメトリック版の対応のある t 検定は、正規分布に従う連続変数を対象とした検定方法であるため、離散変数に対して用いることができません。このようなときには、この Wilcoxon signed rank test を用います。分布の片側に大きな外れ値があったり、正規分布より両裾の広がりが大きい分布では、データの分布形態の影響を受けない Wilcoxon signed rank test の方が有意差の検出に優れます。

例題

癌患者に、鎮痛薬を飲む前と飲んだ後の痛みの程度を、ビジュアルアナログスケールの6段階（0 = 痛みなし〜5 = 最も強い痛み）で評価してもらい、以下のようなデータを得た。この結果から、癌性疼痛にその鎮痛薬の効果があるかどうか調べたい。

1. 独立変数：鎮痛薬を飲む前と飲んだ後（同一被験者なので対応のあるカテゴリー変数）
2. 従属変数：痛みのビジュアルアナログスケール（間隔変数）
3. 帰無仮説：鎮痛薬を飲む前と飲んだ後の痛みの程度は等しい。

---

[3] 統計処理

1. 新しいプロジェクトの作成

Welcome 画面で「New Table & graph」の「Column」を選択し、「Enter/import data:」の「Enter

paired or repeated measures data - each subject on a separate row」を選択し、「Create」ボタンを
クリックします。

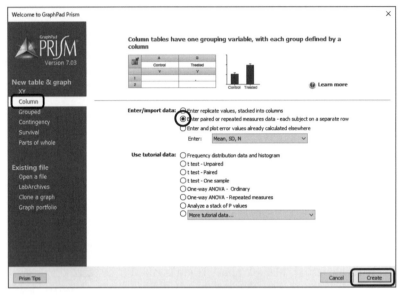

図 4.34 「Column」の設定

2. 新規データの入力

カラム A（before）および B（after）に、比較したいサンプル集団の個々のデータを入力します。
データを入力したら、「Analyze」ボタンをクリックします。

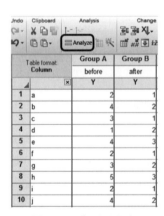

図 4.35 データの入力

3. 入力データの解析

「Built-in analysis」が選択されていることを確認し、「Column analyses」の「t tests (and
nonparametric tests)」を選択して「OK」ボタンをクリックします。

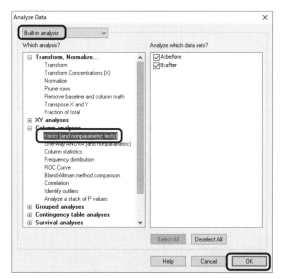

図 4.36 「Analyze Data」の設定

4. パラメータ画面の「Experimental design」では「Paired」、「Assume Gaussian distribution?」では「No. Use nonparametric test.」にチェックを入れます。「Choose test」で「Wilcoxon matched-pairs signed rank test」が選択されていることが分かります。

「Options」タブでは、「Two-tailed」（両側検定）、および「Confidence level:」は「95 %」を選択しておきます。

図 4.37 「Parameters: t tests」の設定

5. ナビゲータの「Results」フォルダには、計算された結果が表示されます。

	Wilcoxon test	
1	Table Analyzed	Data 1
2		
3	Column B	after
4	vs.	vs.
5	Column A	before
6		
7	Wilcoxon matched-pairs signed rank test	
8	P value	0.0137
9	Exact or approximate P value?	Exact
10	P value summary	*
11	Significantly different (P < 0.05)?	Yes
12	One- or two-tailed P value?	Two-tailed
13	Sum of positive, negative ranks	3.5 , -51.5
14	Sum of signed ranks (W)	-48
15	Number of pairs	10
16		
17	Median of differences	
18	Median	-1
19		
20	How effective was the pairing?	
21	rs (Spearman)	0.6805
22	P value (one tailed)	0.0197
23	P value summary	*
24	Was the pairing significantly effective?	Yes

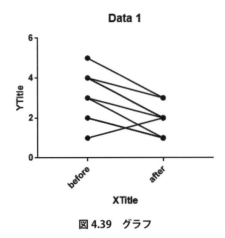

図 4.38　計算結果

6. では、データの分布はどうだったのでしょうか。ナビゲータの「Graphs」フォルダをクリックすると、対応のあるサンプルデータの分布を見ることができます。

図 4.39　グラフ

[4] 統計結果の解説

Wilcoxon signed rank test の基本的な考え方は、最初に各被験者における鎮痛薬を飲む前後での痛みのビジュアルアナログスケールの値の差をとり、その絶対値の大きさに対して順位を付

けます。鎮痛薬を飲む前と飲んだ後で痛みの程度に差がなかった場合は差が 0 となりますので除外し、痛みの程度の変化が 1 だったもの（1 上がったものおよび 1 下がったもの）が、同順位で 1 位となります。次に痛みの程度の変化が 2 あるものといった順番で順位を付け、最後に差がプラスのもの（痛みの程度が弱くなったもの）の順位と差がマイナスのもの（痛みの程度が強くなったもの）の順位を合計し、その値を比べることによって、両者に差があるかどうかを比較します。差がなければ、両者の差はプラス側とマイナス側にほぼ均等に配分されますので、両者の順位の合計はほぼ等しくなります。

この例では、図 4.38 の 13 行目に計算されているように、プラスになったものの順位の合計が「3.5」、マイナスになったものの順位の合計が「−51.5」となり、大きく差があることが分かります。これらから統計値を計算し、p 値が 0.0137 となりました。この値は $p < 0.05$ となりますので、帰無仮説は棄却され、「鎮痛薬を飲む前と飲んだ後では、痛みの程度に差がある」、すなわち、鎮痛薬により痛みが軽減されたことが分かります。また、22 行目からの計算値からも分かるように、対応のある検定法を用いたほうがより効果的に差を検出できている（p 値が小さくなる）ことが分かります。

4.4 対応のある 3 群以上の比較：Friedman test with post-hoc test

[1] 帰無仮説
対応する 3 群以上の中央値（メディアン）はすべて等しい。

[2] 使用条件
1. 従属変数は、連続（間隔変数または順序変数）変数である。
2. 3 群以上のカテゴリーからなる独立変数は互いに従属である。

群間の比較を行う分散分析法のノンパラメトリック版で、Nonparametric Two-Way ANOVA または、Nonparametric One-Way Repeated Measures ANOVA のような方法で、分散分析法をデータの順位（rank）を用いて行う方法です。

第4章 ノンパラメトリック検定

> **例題**
>
> 3種類の降圧薬、A、B、Cの評価を、10人の医師が行った。各人が3種類の薬に、評価の高い順に1から3までの順位を付けた。3種類の薬の評価に差はあると言えるか?
>
> 1. 独立変数:薬の種類(同一医師による評価なので対応のあるカテゴリー変数)
> 2. 従属変数:順位(順序変数)
> 3. 帰無仮説:3種類の薬剤の評価に差は認められない。

[3] 統計処理

1. 新しいプロジェクトの作成

Welcome画面で「New Table & graph」の「Column」を選択し、「Enter/import data:」の「Enter paired or repeated measures data - each subject on a separate row」を選択し、「Create」ボタンをクリックします。

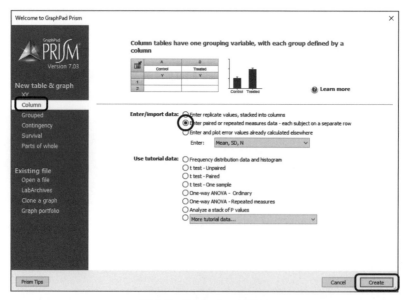

図4.40 「Column」の設定

4.4 対応のある3群以上の比較：Friedman test with post-hoc test

2. 新規データの入力

カラム A から C に、医師 10 人（a 〜 j）が評価した薬の効き方の順位データを入力します。データを入力したら、「Analyze」ボタンをクリックします。

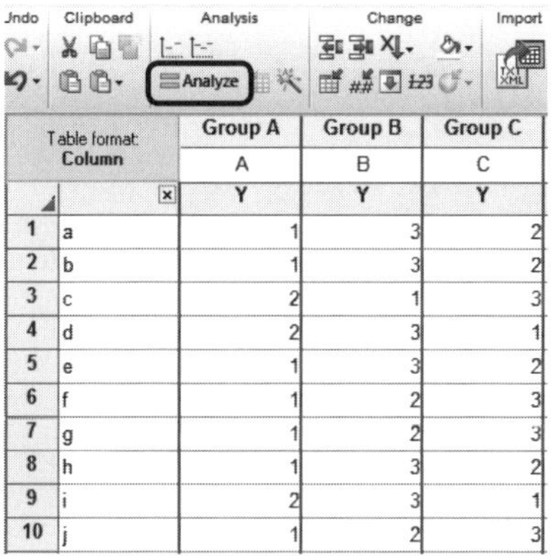

図 4.41　データの入力

3. 入力データの解析

「Built-in analysis」が選択されていることを確認し、「Column analyses」の「One-way ANOVA (and nonparametric)」を選択して、「OK」ボタンをクリックします。

図 4.42　「Analyze Data」の設定

第4章 ノンパラメトリック検定

4. パラメータ画面の「Experimental design」の項目で「Each row represents matched, or repeated measures test」に、「Assume Gaussian distribution?」の項目で「No. Use nonparametric test」にチェックを入れると、Prismでは自動的にFriedman testが選択されます。

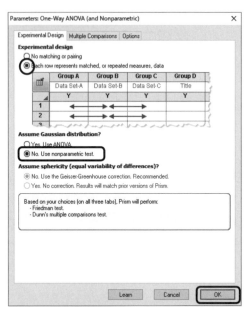

図 4.43 「Parameters: One-Way ANOVA」の設定

「Multiple Comparisons」タブでポストテストを行わなければ、「Followup tests」の項目は「None」を選択し、すべての群の組合せを比較する場合は「Compare the mean rank of each column with the mean rank of every other column」、対照群に対して比較する場合は「Compare the mean rank of each column with the mean rank of a control column」、特定の組合せについてのみ比較をする場合には「Compare the mean ranks of preselected pairs of columns」を選択し、「OK」ボタンをクリックします。ポストホックテストは、Dunn's多重比較テストが使われます。「Options」タブで確認ができます。この例題では、すべての群の比較をしてみます。

4.4 対応のある3群以上の比較:Friedman test with post-hoc test

図 4.44 「Parameters: One-Way ANOVA」の「Multiple Comparisons」の設定

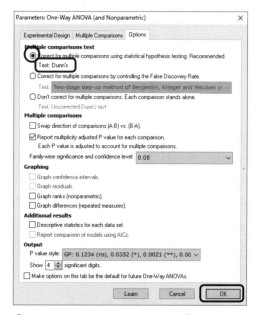

図 4.45 「Parameters: One-Way ANOVA」の「Options」タブの設定

5. ナビゲータの「Results」フォルダをクリックすると、計算された結果が表示されます。

第4章 ノンパラメトリック検定

	1way ANOVA ANOVA	
1	Table Analyzed	Data 1
2		
3	Friedman test	
4	P value	0.0179
5	Exact or approximate P value?	Exact
6	P value summary	*
7	Are means signif. different? (P < 0.05)	Yes
8	Number of groups	3
9	Friedman statistic	7.8
10		
11	Data summary	
12	Number of treatments (columns)	3
13	Number of subjects (rows)	10

図 4.46　計算結果

	1way ANOVA Multiple comparisons					
1	Number of families	1				
2	Number of comparisons per family	3				
3	Alpha	0.05				
4						
5	Dunn's multiple comparisons test	Rank sum diff.	Significant?	Summary	Adjusted P Value	
6						
7	A vs. B	-12	Yes	*	0.0219	A-B
8	A vs. C	-9	No	ns	0.1325	A-C
9	B vs. C	3	No	ns	>0.9999	B-C
10						
11						
12	Test details	Rank sum 1	Rank sum 2	Rank sum diff.	n1	n2
13						
14	A vs. B	13	25	-12	10	10
15	A vs. C	13	22	-9	10	10
16	B vs. C	25	22	3	10	10

図 4.47　多重比較の計算結果

6. では、データの分布はどうだったのでしょうか。ナビゲータの「Graphs」フォルダをクリックすると、対応のあるサンプルデータの分布を見ることができます。

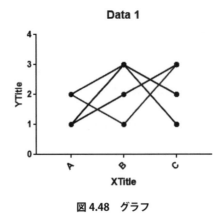

図 4.48　グラフ

[4] 統計結果の解説

　検定結果（図 4.46）から、p 値が 0.0179 で、$p < 0.05$ となりますので帰無仮説は棄却され、「3種類の薬剤の評価に統計学的に有意な差がある（高く評価されている薬剤がある）」ことが分かります。Prism では、Friedman test の後、ポストホックテストとして Dunn's test を行うことができます。今回の例題では、評価が高いものから順位を付けていますので、Y 軸の値が小さい方が効果が高いことになります。A 剤と B 剤を比較したときに、$p = 0219$ となっており、A 剤の降圧効果が B 剤と比較して有意に高いとの評価が得られました。

第5章

相関関係の検定

5.1 ピアソンの相関係数：Pearson's correlation coefficient

[1] 帰無仮説

2つの連続変数には相関関係が認められない。

[2] 使用条件

2つの変数とも、正規分布に従う連続変数である。

2つの変数がどの程度直線的であるのかを客観的に判断するときに用います。すなわち、2つの変数の直線関係の強さを数値化したものと言えます。一般的な相関係数といえば、この方法で求められた相関係数を指します。2つの変数が正規分布に従わない場合（2つの変数が正規分布をしていれば、散布図は直線を中心に卵型の分布になります）は、次に紹介するスピアマンの順位相関係数（Spearman's correlation coefficient by rank）という方法を用います。相関関係の検定は、データの関係を予測するのに便利ですが、相関関係が有意であっても、それだけでデータの解釈をすることはできません。

相関係数は、−1～1の範囲の数値で、その絶対値が1に近いほど直線的であることを示しています。±の符号は直線関係の傾きの方向を示し、その絶対値は直線関係の強さを示します。

また、相関関係がない場合には、相関係数が 0 になります。ここで求められた相関係数を、データ数に応じて、「0 から偏っているかどうか」を検定することにより、相関関係があるかどうかを検定します。また、この検定方法は、相関関係の強さを検定するものではありません。

では、相関の強さを判断するにはどうしたら良いでしょうか。一般的には、相関係数の値から以下のような基準で判断されています。データ数が多ければ（例えば n = 100）相関係数が 0.2 以下でも有意な相関関係があると判定されますので、必ず、その p 値に対応するデータ数と相関係数を表記すべきです。「疫学データなどでは、相関係数が 0.7 以下の場合は、有意な相関が得られても、あまり相関関係を強調しない方が良い」こともありますし、実験的には、さらに高い相関係数が必要となることもあります。したがって、2 変量の関係を見るときには、必ず散布図により分布のパターンを確認した上で相関係数を求め、その値が現実的に有用であるかどうか判断をしてください。

表 5.1　相関係数の解釈

相関係数	解釈
0.00 ～± 0.20	相関関係はほとんどない
± 0.20 ～± 0.40	弱い相関関係がある
± 0.40 ～± 0.70	相関関係がある
± 0.70 ～± 0.90	強い相関関係がある
± 0.90 ～± 1.00	極めて強い相関関係がある

例題

14 名の成人男性の年齢と血圧に相関があるかどうか調べたい。

1. 独立変数、従属変数の区別はない：年齢、血圧（間隔変数）
2. 帰無仮説：2 つの変数間の相関係数は 0 である。

[3] 統計処理

1. 新しいプロジェクトの作成

Welcome 画面で「New Table & graph」の「XY」を選択し、「Enter/import data:」の「X:」は「Numbers」を選択し、「Y:」は「Enter and plot a single Y value for each point」を選択し、「Create」ボタンをクリックします。

5.1 ピアソンの相関係数：Pearson's correlation coefficient

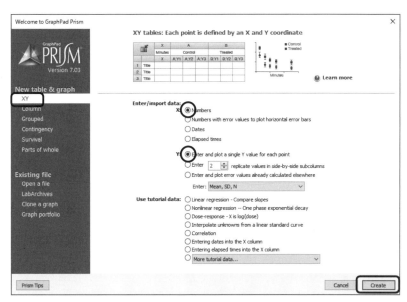

図 5.1 「XY」の設定

2. 新規データの入力

X カラムに年齢（age）を、カラム A にそれぞれの成人男性の血圧データ（BP）を入力します。

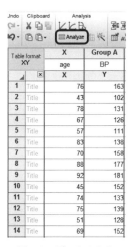

図 5.2 データの入力

3. まず、2 つの変数間の相関の強さを視覚的に捉え、外れ値の有無や正規性を確認するために、散布図を作成します。

この例題のデータから、年齢と血圧がある程度均等に分布していることが確認できますので、次に、相関係数の計算と相関関係の検定を行います。

205

第 5 章　相関関係の検定

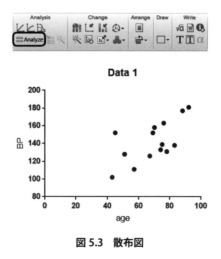

図 5.3　散布図

4. 入力データの解析

「Graph」セクションの図 5.3 または「Results」セクションの図 5.1 の「Analyze」ボタンをクリックします。「Analyze Data」画面では「Built-in analysis」が選択されていることを確認し、「XY analyses」の「Correlation」、または「Column analyses」の「Correlation」を選択して、「OK」ボタンをクリックします。どちらを選んでも同じ画面に行きます。

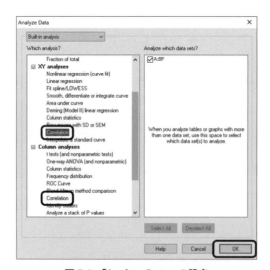

図 5.4　「Analyze Data」の設定

5. 「Correlation」パラメータ画面の「Compute correlation between which pairs of columns?」の項目では「Compute r for X vs. every Y data set:」を選択し、データがある程度正規性をしていれば、「Assume data are sampled from Gaussian distribution?」で「Yes. Compute Pearson correlation coefficients.」を選択し、「Options」タブでは、「P values:」は「Two-tailed」（両側検定）、「Confidence Interval:」（信頼区間の範囲）は通常「95 %」を選択しておきます。最後に「OK」

206

ボタンをクリックします。

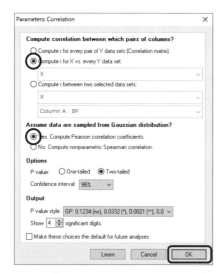

図 5.5 「Parameters: Correlation」の設定

6. ナビゲータの「Results」フォルダをクリックすると、計算された結果が表示されます。

	Correlation	A age vs. BP
		Y
1	Pearson r	
2	r	0.6518
3	95% confidence interval	0.1853 to 0.8786
4	R squared	0.4248
5		
6	P value	
7	P (two-tailed)	0.0115
8	P value summary	*
9	Significant? (alpha = 0.05)	Yes
10		
11	Number of XY Pairs	14

図 5.6 計算結果

[4] 統計結果の解説

　計算結果から、年齢と血圧との間の相関係数は 0.6518 であることが分かりました。p 値が 0.0115 で、$p < 0.05$ なので帰無仮説は棄却され、相関関係は、5 % 未満の危険率で統計学上有意な相関関係が認められました（r = 0.652、n = 14、$p = 0.012$）。R square（R^2 値）は決定係数と呼ばれ、相関係数 r の 2 乗値となります。寄与率と呼ばれることもあり、独立変数が従属変数のどれくらいを説明できるかを表しています。標本値から求めた回帰方程式のあてはまりの良さの尺度（例えば、検量線などの適合性）としてよく利用されています。R^2 値が 1 に近ければ、より回帰方程式にあてはまることになります。

5.2 スピアマンの順位相関係数：Spearman's correlation coefficient by rank

[1] 帰無仮説
2つの連続変数には相関関係が認められない（相関係数は0である）。

[2] 使用条件
1. 2つの変数は連続変数ならば間隔変数、順序変数いずれでも良い。
2. データ数（n数）は、同値を含めないで5つ以上必要である。

2つの変数の相関関係を調べるノンパラメトリックな方法として、スピアマンの順位相関係数（Spearman's correlation coefficient by rank、Spearman's rank correlation）という方法があります。他のノンパラメトリックテストと同様に、正規性に関する制限がありませんので、データに正規性がない間隔変数や順序変数の場合の相関関係も調べることができます。

例題
14人の患者の血中コレステロール値と中性脂肪の値に相関関係があるか調べたい。

1. 独立変数、従属変数の区別はない：血中コレステロール値、中性脂肪（間隔変数）
2. 帰無仮説：2つの変数間の順位相関係数は0である。

[3] 統計処理

1. 新しいプロジェクトの作成

Welcome画面で「New Table & graph」の「XY」を選択し、「Enter/import data:」の「X:」は「Numbers」を選択し、「Y:」は「Enter and plot a single Y value for each point」を選択し、「Create」ボタンをクリックします。

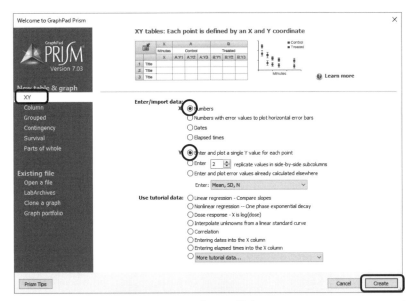

図 5.7 「XY」の設定

2. 新規データの入力

X カラムに中性脂肪（TG）の値を、カラム A に対応する患者の血中コレステロール値を入力します。

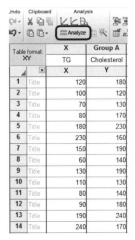

図 5.8 データの入力

3. まず、2 つの変数間の相関の強さを視覚的に捉え、外れ値の有無や正規性を確認するため、散布図を見てみます。ナビゲータの「Graphs」フォルダをクリックすれば散布図を確認できます。以降は、「Graphs」フォルダの「Data 1」にポインタを合わせるだけで、散布図のサムネイルが表示されるようになります。

第 5 章 相関関係の検定

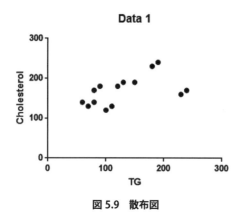

図 5.9 散布図

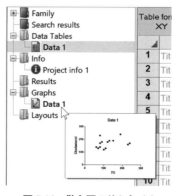

図 5.10 散布図のサムネイル

　この例題のデータではデータの分布は均等になっていませんので、Pearson の相関係数を用いることはできません。そこで、Spearman の順位相関係数を用いて、相関係数の計算と相関関係の検定を行います。

4．入力データの解析

　ナビゲータの「Data Tables」フォルダをクリックして、上部ツールバーの「Analyze」ボタンをクリックします。「Analyze Data」画面が表示されるので、「Built-in analysis」が選択されていることを確認し、「XY analyses」または「Column analyses」から「Correlation」を選択して「OK」ボタンをクリックします。どちらを選んでも同じ画面に行きます。

図 5.11 データの解析

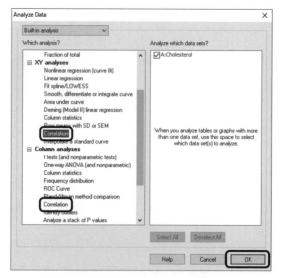

図 5.12 「Analyze Data」の設定

5.2 スピアマンの順位相関係数：Spearman's correlation coefficient by rank

5.「Correlation」パラメータ画面の「Compute correlation between which pairs of columns?」の項目では、「Compute r for X vs. every Y data set:」を選択し、データに正規性がなければ、「Assume data are sampled from Gaussian distribution?」　で　は「No. Compute nonparametric Spearman correlation.」を選択し、「Options」タブでは、「P values:」は「Two-tailed」（両側検定）、「Confidence Interval:」（信頼区間の範囲）は通常「95 %」を選択しておきます。最後に「OK」ボタンをクリックします。

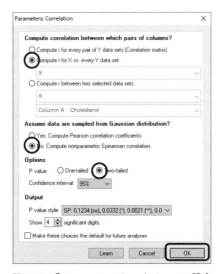

図 5.13　「Parameters: Correlation」の設定

6.　ナビゲータの「Results」フォルダには、計算された結果が表示されます。

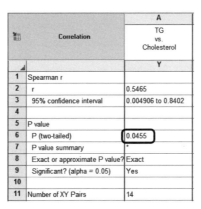

図 5.14　計算結果

[4] 統計結果の解説

　Spearman の順位相関は、2 つの変数のデータを変数ごとに順位を付け、その順位の変数間の差の大小による相関の大きさを計ります。2 つの変数の順位が完全に一致していれば順位の差は 0 となり、Spearman の順位相関係数は 1 となります（Spearman の順位相関係数も -1 から 1 までの値をとります）。

　計算結果から、中性脂肪とコレステロール値との間の相関係数は 0.5465 であることが分かりました。p 値が 0.0455 で $p < 0.05$ なので、帰無仮説は棄却され、相関関係は、5％未満の危険率で統計学的に有意な相関関係が認められました（r = 0.547、n = 14、p = 0.046）。

第6章

2変数間の回帰

6.1 単純直線回帰：Linear regression

[1] 帰無仮説
ひとつの説明変数（独立変数）を含んだ回帰式を用いることによって、目的変数（従属変数）の予測は改善されない。

[2] 使用条件
1. 目的変数（従属変数）は連続変数で、原則的に正規分布に従う。
2. 説明変数（独立変数）は連続変数である。
3. 説明変数の各値に対応する目的変数の分散は等しい。

説明変数（x）から目的変数（y）を予測する回帰関数を最小2乗法で求め、回帰関数の適合具合を客観的に判断する方法です。回帰関数は、y = f(x) で表されます。したがって、2変数のうち、どちらを説明変数（x）に割り当て、どちらを目的変数（y）に割り当てるかによって、求められる回帰関数が変わります。例えば、薬物の用量を x（説明変数）にとり、血中濃度 y（目的変数）を予想する場合もありますが、逆に、血中濃度 x（説明変数）から、用いられていた薬物 y（目的変数）の用量を予測する場合も考えられます。回帰においては、予測される変数を目的変数、予測に用いる変数を説明変数と呼びます。

回帰の適合度が有意であるかどうか、すなわち実測値と予測値の誤差が十分に小さいかどうかを検定するには、予測値と実測値の誤差（残差）が全体に占める割合が小さいことを、分散分析を用いて検定することで評価できます。他の回帰関数との比較に際しては、決定係数[注]（R^2; アール2乗値）を用いて回帰関数の適合度を表します。

> **注　決定係数（R^2; アール2乗値）とは**
> 直線回帰の場合は、相関係数 r の2乗の値になります。この数値は「全体のなかで、どの程度が回帰関数によって説明されるのか、すなわち、目的変数のばらつきが説明変数のばらつきによって、どの程度説明できるのか」を示しています。例えば、相関係数 r = 0.9 の場合には、R^2 は、0.81 となり、全体の 81 % を説明できることになります。

例題

ある薬物を異なる用量で 10 人に服用してもらい、1 時間後の薬物血中濃度を測定した。用量と血中濃度との間には、どのような関係があるか。また、5.5 mg/kg の用量を投与した場合の 1 時間後の血中濃度を予測したい。

1. 独立変数（説明変数）：薬物の用量（間隔変数）
2. 従属変数（目的変数）：薬物の血中濃度（間隔変数）
3. 帰無仮説：血中濃度は用量によって説明できない（回帰式の傾きは 0 である）。

---

[3] 統計処理

1. 新しいプロジェクトの作成

Welcome 画面で「New Table & graph」の「XY」を選択し、「Enter/import data:」の「X:」は「Numbers」を選択し、「Y:」は「Enter and plot a single Y value for each point」を選択し、「Create」ボタンをクリックします。

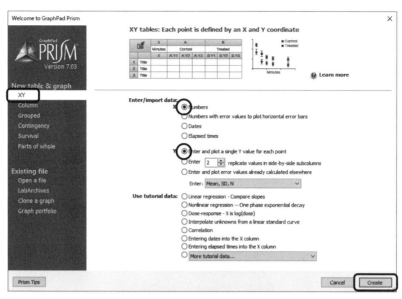

図 6.1 「XY」の設定

2. 新規データの入力

X カラムに用量（dose）を、Group A に対応する患者の薬物血中濃度（concentration）を入力します。データを入力したら、「Analyze」ボタンをクリックします。

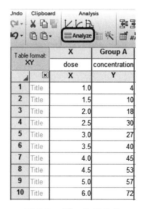

図 6.2 データの入力

3. 入力データの解析

「Built-in analysis」が選択されていることを確認後、「XY analyses」の「Linear regression」を選択し、「OK」ボタンをクリックします。

第 6 章　2 変数間の回帰

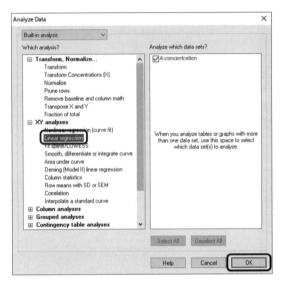

図 6.3　「Analyze Data」の設定

4.　もし、ある値、例えば原点「0」を通る直線を強制的に引きたい場合には、「Constrain」の項目で「Force the line to go through」にチェックを入れ、X および Y ともに「0」を入力します（図 6.4 の囲んだ部分）。ここでは、原点を通さず直線回帰を行った結果を示します。

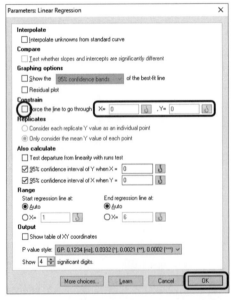

図 6.4　「Parameters: Linear Regression」の設定

また、「Graphing options」の項目では、回帰直線の 95 ％信頼区間、残差、それらグラフなどを作成することができます。必要な項目をチェックし、「OK」ボタンをクリックします。ここでは、95 ％信頼区間をグラフ中に表示させるオプションにチェックを入れてあります。図 6.5 のように、95 ％信頼区間以外の値を計算させることもできます。

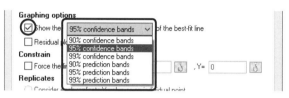

図 6.5　「Graphing options」項目の設定

5. ナビゲータの「Results」フォルダには、計算された結果が表示されます。

	Linear reg.	A concentration Y
1	Best-fit values } SE	
2	Slope	13.49 } 0.5528
3	Y-intercept	-8.929 } 2.008
4	X-intercept	0.6617
5	1/slope	0.07411
6		
7	95% Confidence Intervals	
8	Slope	12.22 to 14.77
9	Y-intercept	-13.56 to -4.297
10	X-intercept	0.348 to 0.9279
11		
12	Goodness of Fit	
13	R square	0.9868
14	Sy.x	2.657
15		
16	Is slope significantly non-zero?	
17	F	595.8
18	DFn, DFd	1, 8
19	P value	<0.0001
20	Deviation from zero?	Significant
21		
22	Equation	Y = 13.49*X - 8.929
23		
24	Data	
25	Number of X values	10
26	Maximum number of Y replicates	1
27	Total number of values	10
28	Number of missing values	0

図 6.6　計算結果

6. ナビゲータの「Graphs」フォルダをクリックすると、自動作成されたグラフに、回帰直線が表示されます。

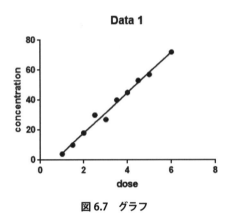

図 6.7　グラフ

95 ％信頼区間をグラフ中に表示させるオプションにチェックを入れた場合は、図 6.8 のグラフのように、95 ％信頼区間が表示されます。

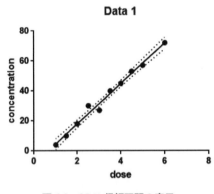

図 6.8　95 ％信頼区間の表示

【4】統計結果の解説

　入力されたデータが正しく計算に使われているか、入力ミスがないか、結果の表の 26 行目から確認をします。X 軸の値とそれに対応する値がそれぞれ 10 で、欠損値（Number of missing values）が 0 であることで確認できます。直線の適合具合として、13 行目に R^2 値（r squared）が計算されており、0.9868 となっていますので、約 98.7 ％は、血中濃度（目的変数）のばらつきが用量（説明変数）のばらつきで説明できることが分かります。

　16 行目からは分散分析に基づいた値が計算されており、F 値が 595.8、自由度が 1, 8 のとき、p 値が 0.0001 未満で、帰無仮説、すなわち、「血中濃度は用量によって説明できない（回帰式

の傾きは0である）」は棄却され、血中濃度は投与量によって決まることが分かります。回帰式は、

〔血中濃度〕= 13.49 ×〔用量〕− 8.929

となります。また、傾きの95％信頼区間の下限と上限がそれぞれ12.22と14.77、y切片の95％信頼区間の下限と上限がそれぞれ−13.56と−4.297と計算されています。

例えば、5.5 mg/kgの用量を投与したときの血中濃度は、65.266と計算できます。この用量における平均値の95％信頼区間の上限、下限値は、グラフから求めることができます。

6.2 非線形回帰とその検定：Non-linear regression

回帰を行う場合、いつも直線に回帰できるとは限りません。たとえば、標準曲線を作成するとき、高濃度になると測定値が頭打ちになってくる現象がよく見られます。また、回帰とは異なりますが、ある化合物の受容体への結合実験を行ったとき、結合部位を1つと仮定して解析した方が良いのか2つとして解析した方が良いのか迷うことがあります。Prismでは、2つの式を用いて得られた計算結果から、どちらの式により良くあてはまるのかを計算することができます。ここでは、多項式回帰式を用いた比較を行う方法について解説します。

例題

ある薬物の血中濃度を測定するため、標準曲線を作成した。測定値から、直線性を示さず曲線となっていたため、多項式回帰を行いたい。また、2つの回帰式を比較して、どちらが良く適合するのか検定したい。

[1] 統計処理

1. 新しいプロジェクトの作成

Welcome画面で「New Table & graph」の「XY」を選択し、「Enter/import data:」の「X:」は「Numbers」を選択し、「Y:」は「Enter and plot a single Y value for each point」を選択し、「Create」ボタンをクリックします。

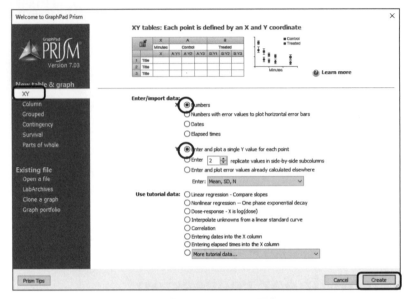

図 6.9 「Analyze Data」の設定

2. 新規データの入力

Xカラムに濃度（Concentration）を、カラムAに測定値（ピーク高、Peak ht.）を入力します。データを入力したら、「Analyze」ボタンをクリックします。

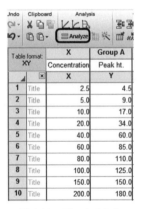

図 6.10 データの入力

3. 入力データの解析

「Built-in analysis」が選択されていることを確認後、「XY analyses」の「Nonlinear regression (curve fit)」を選択し、「OK」ボタンをクリックします。

図 6.11 「Analyze Data」の設定

4. パラメータ画面（「Parameters: Nonlinear Regression」）では、色々なパラメータを変更することができます。まず、「Fit」タブを選択し、「Choose an equation」の「Polynomial」から「Second order polynomial (quadratic)」（2 次曲線回帰）を選択し、「OK」ボタンをクリックします。

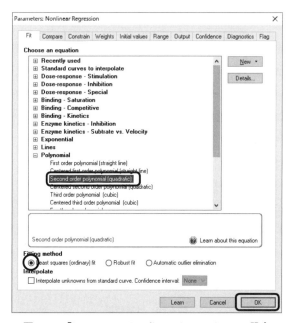

図 6.12 「Parameters: Nonlinear Regression」の設定

5. 2 次曲線回帰では、どのような標準曲線ができているでしょうか。

ナビゲータの「Graphs」フォルダをクリックします。ここでは、測定値と、この回帰式に適合した曲線が描かれています。

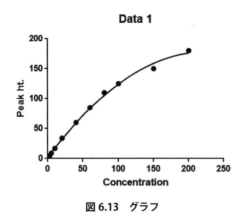

図6.13　グラフ

6. ナビゲータの「Results」フォルダには、計算された結果が表示されます。

2次曲線回帰式：Y = B0 + B1*X + B2*X^2（2次方程式）

に回帰した結果、最も適合した値（Best-fit values）は、2行目より、B0 = 2.387、B1 = 1.568、B2 = −0.003499 と計算され、続いて標準誤差、95％信頼区間が示されています。決定係数（R^2 値、R square）は 0.9964、2乗和（平方和、SS値、Sum of Squares）は 125 となっています。決定係数が1に近く、2乗和が小さいほど、適合性が良いことになります。

	Nonlin fit	A
		Peak ht.
		Y
1	Second order polynomial (quadratic)	
2	Best-fit values	
3	B0	2.387
4	B1	1.568
5	B2	-0.003499
6	Std. Error	
7	B0	2.45
8	B1	0.07201
9	B2	0.0003665
10	95% CI (profile likelihood)	
11	B0	-3.406 to 8.18
12	B1	1.398 to 1.738
13	B2	-0.004366 to -0.002632
14	Goodness of Fit	
15	Degrees of Freedom	7
16	R square	0.9964
17	Absolute Sum of Squares	125
18	Sy.x	4.226
19		
20	Number of points	
21	# of X values	10
22	# Y values analyzed	10

図6.14　計算結果

7. 低濃度の方の標準曲線では直線性がありそうですが、どちらがより適合している標準曲線と言えるでしょうか。

6.2 非線形回帰とその検定：Non-linear regression

まず、1次直線回帰（Polynomial: First Order）との比較を行ってみたいと思います。ここで、1次直線回帰（Polynomial: First Order）は、前節（6.1節）の直線回帰（Linear regression）と同じになります。

「Data」セクションに移動し、上部ツールバーの「New」ボタンをクリックして表示されるプルダウンメニューで、「New Analysis...」を選択します。

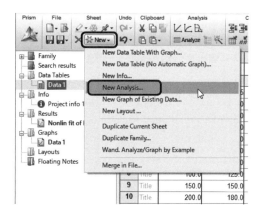

図 6.15 「New Analysis...」の設定

8. 「Create New Analysis」画面の「Which analysis?」項目で、「XY analyses」の「Nonlinear regression (curve fit)」を選択して「OK」ボタンをクリックします。

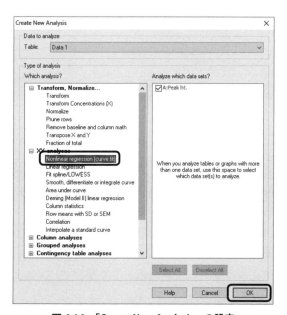

図 6.16 「Create New Analysis」の設定

9. 新しい結果シートを作成するために、「Analyze this table again, creating a new results sheet」ボタンに印を入れ、「OK」ボタンをクリックします。

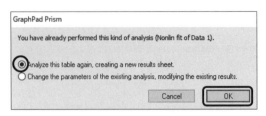

図 6.17　新しい結果シートを作成する

10. まず、「Fit」画面で 1 つ目の適合させる回帰式を選びます。ここでは、先ほどと同様に、「Polynomial」から「Second order polynomial (quadratic)」を選択します。まだ、「OK」ボタンはクリックしません。

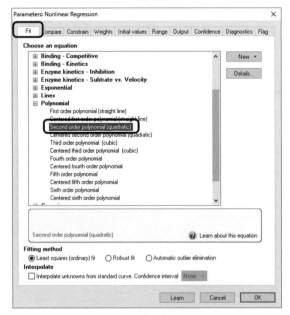

図 6.18　「Parameters: Nonlinear Regression」の「Fit」タブの設定

11. 次に、もう 1 つの回帰式と比較をするために、パラメータ画面の「Compare」タブに移動し、「What question are you asking?」の項目では「For each data set, which of two equations (models) fits best?」にチェックを入れ、その結果を F 検定で比較するために、「Comparison method」では F 検定「Extra sum-of-squares F test」にチェックを入れ、「Choose the second equation」から、比較したい回帰式、ここでは、「Polynomial: First order polynomial (straight line)」を選択し、最後に「OK」ボタンをクリックします。

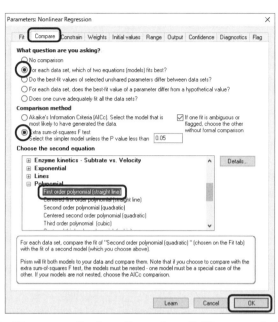

図 6.19 「Parameters: Nonlinear Regression」の「Compare」タブの設定

12. ナビゲータの「Results」フォルダをクリックすると、結果のまとめが表示されています。回帰式 1（図 6.20 では「First order polynomial (straight line)」）と回帰式 2（「Second order polynomial (quadratic)」）を用いた計算結果から、p 値が 0.0001 未満なので、帰無仮説である「2 つの回帰式による適合度は等しい」が棄却され、「Second order polynomial (quadratic)」の方が有意に、より適合する回帰式であること、また、自由度 = 1, 7、F 値が 91.13 と計算されています。

	Nonlin fit	A
		Peak ht.
		Y
1	Comparison of Fits	
2	Null hypothesis	First order polynomial (straight line)
3	Alternative hypothesis	Second order polynomial (quadratic)
4	P value	<0.0001
5	Conclusion (alpha = 0.05)	Reject null hypothesis
6	Preferred model	Second order polynomial (quadratic)
7	F (DFn, DFd)	91.13 (1, 7)

図 6.20 計算結果

9 行目からは、図 6.14 と同様、2 次曲線回帰におけるそれぞれの係数の計算値、標準誤差、95 % 信頼区間、自由度、R^2 値 = 0.9964、SS 値 = 125 などが表示されており、28 行目からは、直線回帰における切片、傾きの計算値、標準誤差、95 % 信頼区間、自由度、R^2 値 = 0.9499、SS 値 = 1753 などが表示されています。R^2 値、SS 値を比較すると、2 次曲線回帰式の方が、R^2 値がより 1 に近く、SS 値が小さいことが分かります。

9	Second order polynomial (quadratic)	
10	Best-fit values	
11	B0	2.387
12	B1	1.568
13	B2	-0.003499
14	Std. Error	
15	B0	2.45
16	B1	0.07201
17	B2	0.0003665
18	95% CI (profile likelihood)	
19	B0	-3.406 to 8.18
20	B1	1.398 to 1.738
21	B2	-0.004366 to -0.002632
22	Goodness of Fit	
23	Degrees of Freedom	7
24	R square	0.9964
25	Absolute Sum of Squares	125
26	Sy.x	4.226

28	First order polynomial (straight line)	
29	Best-fit values	
30	B0	16.64
31	B1	0.911
32	Std. Error	
33	B0	6.802
34	B1	0.07394
35	95% CI (profile likelihood)	
36	B0	0.9569 to 32.33
37	B1	0.7405 to 1.081
38	Goodness of Fit	
39	Degrees of Freedom	8
40	R square	0.9499
41	Absolute Sum of Squares	1753
42	Sy.x	14.8
44	Number of points	
45	# of X values	10
46	# Y values analyzed	10

図 6.21　計算結果の続き

13. 同様の手順で、2 次曲線と 3 次曲線を用いた回帰の比較をしてみます。

　ナビゲータの「Data Tables」フォルダをクリックし、上部ツールバーの「New」ボタンから「Duplicate Current Sheet」を選択し、Data set をコピーした後、図 6.10 のように、上部ツールバーの「Analyze」ボタンをクリックします。

14. 図 6.11 の画面が表示されたら、「Built-in analysis」が選択されていることを確認し、「Which analysis?」項目で「XY analyses」の「Nonlinear regression (curve fit)」を選択して「OK」ボタンをクリックします。

15. 回帰式 1（計算式 1）には、図 6.18 のように、「Choose an Equation」の項目の「Polynomial」から「Second order polynomial (quadratic)」を選択します。「OK」ボタンはまだクリックしません。もう 1 つの回帰式と比較するために、上部の「Compare」タブをクリックして画面を切り替えます。

16. 「Compare」タブの画面に切り替えたら、図 6.22 のように、「What question are you asking?」では「For each data set, which of two equations (models) fits best?」にチェックを入れ、その結果を F 検定で比較するために、「Comparison method」では F 検定「Extra sum-of-squares F test」にチェックを入れ、「Choose the second equation」から、比較したい回帰式、ここでは「Third order polynomial (cubic)」を選択して、最後に「OK」ボタンをクリックします。

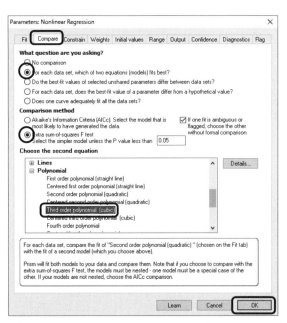

図 6.22 「Parameters: Nonlinear Regression」の「Compare」タブの設定

17. ナビゲータの「Results」フォルダには、回帰式 1 と回帰式 2 を比較した結果が表示されます。

1 行目から、結果のまとめが表示されています。回帰式 1（今回の場合は「Second order polynomial (quadratic)」）と回帰式 2（今回の場合は「Third order polynomial (cubic)」）を用いた計算結果から、p 値が 0.0126 なので、帰無仮説である「2 つの回帰式による適合度は等しい」が棄却され、回帰式 2 の方が有意に、より適合する回帰式であること、また、自由度 = 1, 6、F 値が 12.37 と計算されています。

9 行目からは、回帰式 1 の 2 次曲線回帰における係数の計算値、標準誤差、95 % 信頼区間、自由度、R^2 値 = 0.9964、SS 値 = 125 などが表示され、28 行目からは、回帰式 2 の 3 次曲線回帰におけるそれぞれの係数の計算値、標準誤差、95 % 信頼区間、自由度、R^2 値 = 0.9988、SS 値 = 40.84 などが表示されています。

第6章 2変数間の回帰

	Nonlin fit	A Peak ht. Y
1	Comparison of Fits	
2	Null hypothesis	Second order polynomial (quadratic)
3	Alternative hypothesis	Third order polynomial (cubic)
4	P value	0.0126
5	Conclusion (alpha = 0.05)	Reject null hypothesis
6	Preferred model	Third order polynomial (cubic)
7	F (DFn, DFd)	12.37 (1, 6)
8		
9	Second order polynomial (quadratic)	
10	Best-fit values	
11	B0	2.387
12	B1	1.568
13	B2	-0.003499
14	Std. Error	
15	B0	2.45
16	B1	0.07201
17	B2	0.0003665
18	95% CI (profile likelihood)	
19	B0	-3.406 to 8.18
20	B1	1.398 to 1.738
21	B2	-0.004366 to -0.002632
22	Goodness of Fit	
23	Degrees of Freedom	7
24	R square	0.9964
25	Absolute Sum of Squares	125
26	Sy.x	4.226
27		
28	Third order polynomial (cubic)	
29	Best-fit values	
30	B0	-1.049
31	B1	1.914
32	B2	-0.008479
33	B3	1.708e-005
34	Std. Error	
35	B0	1.8
36	B1	0.1079
37	B2	0.001434
38	B3	4.857e-006
39	95% CI (profile likelihood)	
40	B0	-5.455 to 3.356
41	B1	1.65 to 2.178
42	B2	-0.01199 to -0.00497
43	B3	5.197e-006 to 2.897e-005
44	Goodness of Fit	
45	Degrees of Freedom	6
46	R square	0.9988
47	Absolute Sum of Squares	40.84
48	Sy.x	2.609
49		
50	Number of points	
51	# of X values	10
52	# Y values analyzed	10

図 6.23　計算結果

18. では、3次曲線回帰では、どのような標準曲線が作成されているでしょうか。

ナビゲータの「Graphs」フォルダをクリックします。ここでは、3次曲線で適合させたときのグラフが描かれています。

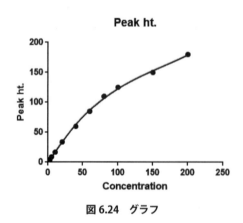

図 6.24　グラフ

19. では、2つの回帰曲線を視覚的に比較してみましょう。クイックツアーで説明したように、レイアウトフォルダに2つの回帰曲線を表示させます。

ナビゲータの「Layout」フォルダをクリックし、表示したいレイアウト、ここでは、「Page options」の「Orientation:」項目の「Landscape」ボタンにチェックを入れます。上部のグラフ表示用紙が横向きに変わりますので、横に2つのグラフを入れることにします。最後に、「OK」

ボタンをクリックします。

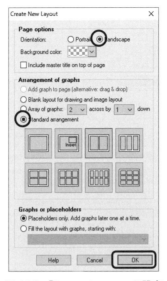

図 6.25 「Format Layout」の設定

20. 表示させたいグラフを貼り付けるため、表示場所をダブルクリックするか、その場所にナビゲータ表示のグラフをドラッグ＆ドロップします。

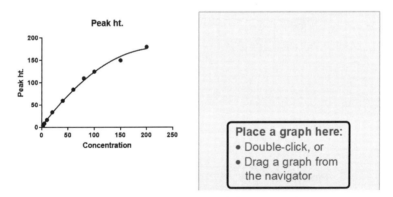

図 6.26 レイアウトの設定：ダブルクリックする

第 6 章　2 変数間の回帰

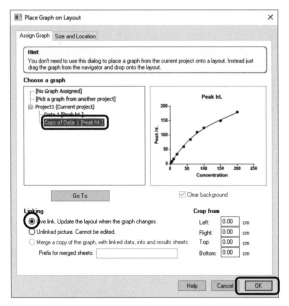

図 6.27　レイアウトの設定：ダブルクリックすると表示されるダイアログボックス

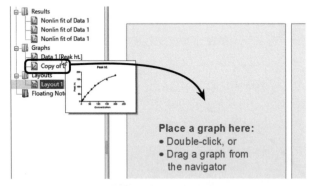

図 6.28　レイアウトの設定：グラフをドラッグ＆ドロップする

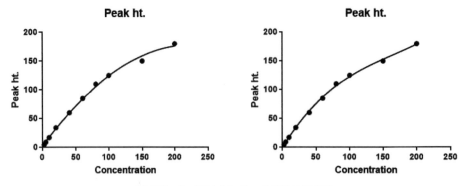

図 6.29　レイアウトに 2 つのグラフを配置

左側の図が2次曲線で適合させたときのグラフ、右側の図が3次曲線で適合させたときのグラフです。このように、2種類の曲線の適合を比較して検定することができます。この機能は、他の統計ソフトではあまり見られないPrismの卓越した機能です。どのような曲線にも応用できますので非常に有用です。ただし、今回の標準曲線を作成する例題のように、いくら数学的に3次曲線の方がより良く回帰できても、理論的に考えにくい場合には、2次曲線で回帰を行っておいた方が無難です。

第7章

カテゴリーデータの検定

7.1　2 × 2 分割表と χ^2（カイ2乗）検定：Chi-square test

[1] 帰無仮説
2つのカテゴリー変数の間には関連がない。

[2] 使用条件
1. 2つの変数は、どちらもが「あり」または「なし」など、2つのカテゴリーに分けられるカテゴリーデータであること。
2. いずれのセルの期待値も5以上であること（χ^2（カイ2乗）検定の場合）。それ以外の場合は、Fisherの直接確率法を使用する。

サンプル個々のデータではなく、各群における頻度で表されるカテゴリーデータの検定をします。この中で、2 × 2 分割表は最も基本となる方法で、手計算でも求めることも可能です。

	効果あり	効果なし
グループ1	A	B
グループ2	C	D

$$\text{相対リスク} = \frac{A/(A+B)}{C/(C+D)} \qquad P1 - P2 = \frac{A}{A+B} - \frac{C}{C+D}$$

$$\text{Odds（オッズ）比} = \frac{A/B}{C/D}$$

> **注** Prism では、上記セルの A、B、C、D のいずれかがゼロであった場合、すべての値に 0.5 を加えて相対リスク、オッズ比や P1 − P2 を求めています（ゼロの値で分数計算するのを避けるため）。

例題

ある抗ウイルス薬が、AIDS 症状の進行を予防する効果があるか調べたい。抗ウイルス薬服用の患者 475 名と、対照薬（プラセボ）を服用した患者 461 名の症状の進行程度を調査し、進行が見られた患者と見られなかった患者に分けた。この結果から、この抗ウイルス薬は、AIDS 症状の進行抑制に効果があると言えるか？

1. 帰無仮説：抗ウイルス薬と AIDS の症状悪化には関連がない。

[3] 統計処理

1. 新しいプロジェクトの作成

Welcome 画面で「New Table & graph」の「Contingency」を選択し、「Enter/import data:」の「Start with an empty data table」を選択し、「Create」ボタンをクリックします。

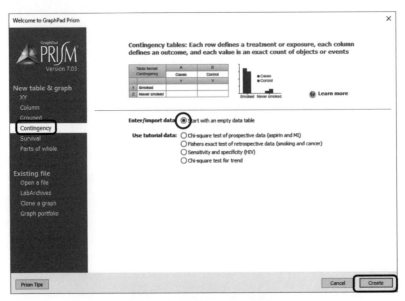

図 7.1 「Contingency」の設定

2. 新規データの入力

2×2分割表の形式でデータを入力するため、縦列には薬物投与群（Drug A）と対照群（Placebo）を、Outcome A には、それぞれの群における症状が悪化した患者数（Progress）を、また、Outcome B には、症状が悪化しなかった患者数（No progress）を入力します。データを入力したら、「Analyze」ボタンをクリックします。

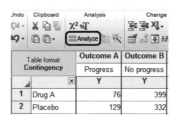

図 7.2　データの入力

3. 入力データの解析

「Built-in analysis」が選択されていることを確認し、「Which analysis?」は「Contingency table analyses」の「Chi-square (and Fisher's exact) test」を選択します。右側の「Analyze which data sets?」が入力したデータであることを確認し、「OK」ボタンをクリックします。

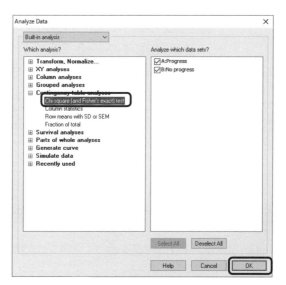

図 7.3　「Analyze Data」の設定

4.　「Method to compute the P value」の項目では、「Chi-square test」を選択します。「Effect sizes to report」の項目では、必要ならば「Relative Risk」（相対リスク）、「Difference between proportions and NNT」、「Odds ratio」（オッズ比）、および「Sensitivity, specificity and predictive values」にチェックをしておき、最後に「OK」ボタンをクリックします。なお、「Options」タブでは「Two-tailed」（両側検定）、「Confidence Interval:」（信頼区間の範囲）は通常「95 %」

235

を選択しておきます。

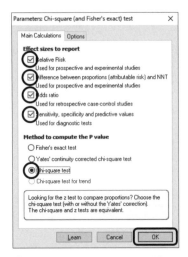

図 7.4 「Parameters: Contingency Tables」の設定

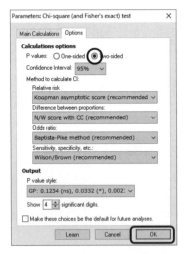

図 7.5 「Parameters: Chi-square test」の「Options」タブの設定

5. ナビゲータの「Results」フォルダをクリックすると、計算された結果が表示されます。

図7.6 計算結果

行	項目	値	95% CI
1	Table Analyzed	Data 1	
3	P value and statistical significance		
4	Test	Chi-square	
5	Chi-square, df	19.64, 1	
6	z	4.432	
7	P value	<0.0001	
8	P value summary	****	
9	One- or two-sided	Two-sided	
10	Statistically significant (P < 0.05)?	Yes	
12	Effect size	Value	95% CI
14	Relative Risk	0.5718	0.4438 to 0.7349
15	Reciprocal of relative risk	1.749	1.361 to 2.253
17	Attributable risk (P1 - P2)	0.1198	0.06607 to 0.1742
18	NNT (reciprocal of attrib. risk)	8.345	5.74 to 15.14
20	Odds ratio	0.4902	0.3585 to 0.6772
21	Reciprocal of odds ratio	2.04	1.477 to 2.789

行	Data analyzed	Progress	No progress	Total
36	Drug A	76	399	475
37	Placebo	129	332	461
38	Total	205	731	936
40	Percentage of row total	Progress	No progress	
41	Drug A	16.00%	84.00%	
42	Placebo	27.98%	72.02%	
44	Percentage of column total	Progress	No progress	
45	Drug A	37.07%	54.58%	
46	Placebo	62.93%	45.42%	
48	Percentage of grand total	Progress	No progress	
49	Drug A	8.12%	42.63%	
50	Placebo	13.78%	35.47%	

[4] 統計結果の解説

χ^2 検定は、2×2分割表の検定の中でも最も一般的な方法です。この検定法では、2つのカテゴリー変数には関連がないと仮定した場合の期待値と観察値の隔たりの大きさを用いて検定を行っています。

入力されたデータが正しく計算に使われているか、入力ミスがないか、表の35行目からの表で確認をします。38行目には、それぞれの行と列の合計値が936と計算されています。

7行目から、χ^2 の p 値は 0.0001 未満ですので、「抗ウイルス薬とAIDSの症状悪化には関連がない」という帰無仮説は棄却され、この抗ウイルス薬は、AIDSによる症状の悪化を抑制することが分かりました（χ^2 値 = 19.64、自由度 = 1、$p < 0.0001$）。

相対リスク（95%信頼区間）は 0.5718（0.4438〜0.7349）、オッズ比（95%信頼区間）は 0.4902（0.3585〜0.6772）と計算されています。

[5] 相対リスク（Relative risk）とオッズ比（Odds ratio）

相対リスクは、要因（例えば、抗ウイルス薬）と結果（例えば、症状の進行抑制）との関係の強さを表す指標であり、「[2]使用条件」に示した計算式で表されます。ここでは、抗ウイルス薬服用者における症状進行抑制率と、服用していない患者における症状進行抑制率の比になり14行目に表示されています。

$$相対リスク = (76 / 475) / (129 / 461) = 0.5718$$

相対リスクの代わりにオッズ比が用いられることがあります。オッズ比は、ケースコントロールスタディーの対象となる疾病の実際の発生率が低ければ低いほど、相対リスクと近似することになります。オッズ比は、どのような場合でも容易に計算できるので、分割表には、オッズ比を示す場合が多くなってきています。この場合、95％の信頼区間を併記することが望ましいのですが、Prismでは、20行目にこれらの値も計算され、0.4902（0.3585～0.6772）となっています。

$$オッズ比 = (76 / 399) / (129 / 332) = 0.4902$$

[6] コーホート分析

ある一定の期間に生じた種々の現象を経験した個人の集団をコーホートといい、このコーホートについて時間の経過を追って分析する手法のことをコーホート分析と呼びます。「コーホートスタディー」は、原因と結果のより強い因果関係を捉える方法で、あらかじめ対象をインターベンションの有無によって群分けし、疾患発生の頻度をチェックしていく研究方法です。疾患発生の頻度が少ない場合には、多くのサンプルが必要なため多大な労力と時間が必要としますが、信頼性の高い結果が得られます。

7.2 Fisherの直接確率法とYatesの補正

χ^2検定では、χ^2値の分布を連続的な「χ^2分布」に近似しているため、誤差が生じます。これを補正する方法が「Yatesの補正」です。この方法は、やや保守的（conservative）で、実際の差を検出できないときがあります。このような場合には、「Fisherの直接確率法」を用います。Fisherの直接確率法は、各セルに計算されてくる頻度の組合せから、観測された結果が得られる確率を直接計算します。

[1] 統計処理

1. 新しいプロジェクトの作成

Welcome 画面で「New Table & graph」の「Contingency」を選択し、「Enter/import data:」の「Start with an empty data table」を選択し、「Create」ボタンをクリックします。

2. χ^2（カイ2乗）検定の使用条件として、いずれのセルの期待値も 5 以上必要であるという条件は満たしていませんが、説明のためにこの例題を、先ほどと同じように統計処理してみます。

縦列には曝露群（Exposure）と非曝露群（No-exposure）を、カラム A には癌が発生した患者数（Yes）を、また、カラム B には癌が発生しなかった患者数（No）を入力します。データを入力したら、「Analyze」ボタンをクリックします。

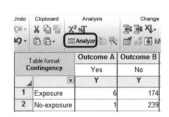

図 7.7　データの入力

3. 入力データの解析

「Built-in analysis」が選択されていることを確認し、「Which analysis?」は「Contingency table analyses」の「Chi-square (and Fisher's exact) test」を選択します。右側の「Analyze which data sets?」が入力したデータであることを確認し、「OK」ボタンをクリックします。

図 7.8　「Analyze Data」の設定

第7章 カテゴリーデータの検定

4. パラメータ画面の「Main Calculations」タブの「Method to compute the P value」の項目では、「Chi-square test」を選択します。「Effect sizes to report」の項目では、ここでは「Relative Risk」（相対リスク）と「Odds ratio」（オッズ比）にチェックをしておき、最後に「OK」ボタンをクリックします。なお、「Options」タブでは「Two-tailed」（両側検定）、「Confidence Intervals」（信頼区間の範囲）は通常「95％」を選択しておきます。

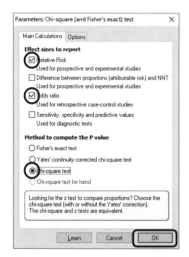

図 7.9　「Parameters: Contingency Tables」の設定

5. ナビゲータの「Results」フォルダには、計算された結果が表示されます。

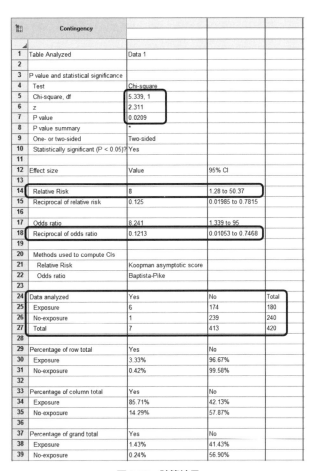

図 7.10　計算結果

6. ヒントなどを表示する「Overview」画面を見てみると、χ^2（カイ2乗）検定の使用条件を満たしていないため、Fisherの直接確率法を使うことが推奨されています。

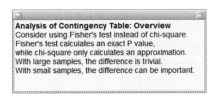

図 7.11　「Overview」画面

7. このデータを用いてFisherの直接確率法で検定をしてみます。パラメータ画面の「Method to compute the P value」の項目を「Fisher's exact test」に変更し、「OK」ボタンをクリックします。

第7章 カテゴリーデータの検定

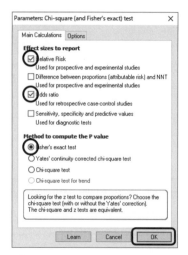

図 7.12 「Parameters: Contingency Tables」の設定

8. ナビゲータの「Results」フォルダには、Fisherの直接確率法で計算された結果が表示されます。

	Contingency			
1	Table Analyzed	Data 1		
2				
3	P value and statistical significance			
4	Test	Fisher's exact test		
5				
6	P value	0.0456		
7	P value summary	*		
8	One- or two-sided	Two-sided		
9	Statistically significant (P < 0.05)?	Yes		
10				
11	Effect size	Value	95% CI	
12				
13	Relative Risk	8	1.28 to 50.37	
14	Reciprocal of relative risk	0.125	0.01985 to 0.7815	
15				
16	Odds ratio	8.241	1.339 to 95	
17	Reciprocal of odds ratio	0.1213	0.01053 to 0.7468	
18				
19	Methods used to compute CIs			
20	Relative Risk	Koopman asymptotic score		
21	Odds ratio	Baptista-Pike		
22				
23	Data analyzed	Yes	No	Total
24	Exposure	6	174	180
25	No-exposure	1	239	240
26	Total	7	413	420
27				
28	Percentage of row total	Yes	No	
29	Exposure	3.33%	96.67%	
30	No-exposure	0.42%	99.58%	
31				
32	Percentage of column total	Yes	No	
33	Exposure	85.71%	42.13%	
34	No-exposure	14.29%	57.87%	
35				
36	Percentage of grand total	Yes	No	
37	Exposure	1.43%	41.43%	
38	No-exposure	0.24%	56.90%	

図 7.13 計算結果

9. では、Yates の補正法を用いた結果はどうでしょうか。パラメータ画面の「Main Calculations」タブで、「Method to compute the P value」の項目を「Yates' continuity corrected chi-square test」に変更し、「OK」ボタンをクリックします。

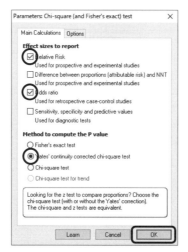

図 7.14 「Parameters: Contingency Tables」の設定

10. ナビゲータの「Results」フォルダには、Yates の補正をして計算された結果が表示されます。

	Contingency			
1	Table Analyzed	Data 1		
2				
3	P value and statistical significance			
4	Test	Chi-square with Yates' correction		
5	Chi-square, df	3.708, 1		
6	z	1.926		
7	P value	0.0542		
8	P value summary	ns		
9	One- or two-sided	Two-sided		
10	Statistically significant (P < 0.05)?	No		
11				
12	Effect size	Value	95% CI	
13				
14	Relative Risk	8	1.28 to 50.37	
15	Reciprocal of relative risk	0.125	0.01985 to 0.7815	
16				
17	Odds ratio	8.241	1.339 to 95	
18	Reciprocal of odds ratio	0.1213	0.01053 to 0.7468	
19				
20	Methods used to compute CIs			
21	Relative Risk	Koopman asymptotic score		
22	Odds ratio	Baptista-Pike		
23				
24	Data analyzed	Yes	No	Total
25	Exposure	6	174	180
26	No-exposure	1	239	240
27	Total	7	413	420
28				
29	Percentage of row total	Yes	No	
30	Exposure	3.33%	96.67%	
31	No-exposure	0.42%	99.58%	
32				
33	Percentage of column total	Yes	No	
34	Exposure	85.71%	42.13%	
35	No-exposure	14.29%	57.87%	
36				
37	Percentage of grand total	Yes	No	
38	Exposure	1.43%	41.43%	
39	No-exposure	0.24%	56.90%	

図 7.15 計算結果

[2] 統計結果の解説

χ^2 検定で計算した場合には、p 値が 0.0209 となっていますが、Fisher の直接確率法を使って計算させますと、結果の 6 行目にあるように、p 値が 0.0456 となっており、帰無仮説が棄却されることになります。一方、Yates の補正を用いた χ^2 検定では、p 値が 0.0542 となり、有意な結果は得られませんでした。最初にも述べたように、Yates の補正法は、やや保守的で差を検出できないときがあります。

7.3 $l \times m$ 分割表における χ^2（カイ2乗）検定： Chi-square test

[1] 帰無仮説
2つのカテゴリー変数の間には関連がない。

[2] 使用条件
1. 2つの変数は、どちらもが「あり」または「なし」など、2つのカテゴリーに分けられるカテゴリーデータであること。
2. いずれのセルの期待値が4以下のセルが全体のセルの5分の1以上を占めないこと。
3. 期待値が1以下のセルがないこと。

2×2分割表では、カテゴリーはそれぞれ2つずつでしたが、実際には2つ以上のカテゴリーがある場合はあります。χ^2（カイ2乗）検定では、1行あたり3つ以上のカテゴリーのある分割表でも、同様の手順で検定を行うことができます。

例題
ベッドの種類と腰痛の関連を調べたい。寝たきり患者393名を対象に、腰痛の発生の違いを調べた。この結果から、このベッドの種類は腰痛の発生に影響を与えているといえるだろうか？

1. 帰無仮説：ベッドの種類と腰痛発生には関連がない。

[3] 統計処理

1. 新規データの入力

Welcome 画面で「New Table & graph」の「Contingency」を選択し、「Enter/import data:」の「Start with an empty data table」を選択し、「Create」ボタンをクリックします。

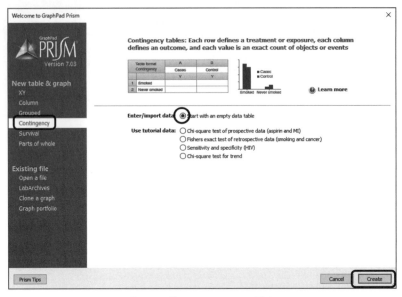

図 7.16 「Contingency」の設定

2. 新規データの入力

縦列には腰痛の有無（Yes ／ No）を、カラム A、B、C には、ベッドごと（Bed A、B、C）の腰痛発生の人数を入力します。データを入力したら、「Analyze」ボタンをクリックします。

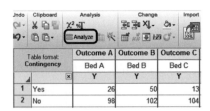

図 7.17　データの入力

3. 入力データの解析

「Built-in analysis」が選択されていることを確認し、「Which analysis?」は「Contingency table analyses」の「Chi-square (and Fisher's exact) test」を選択します。右側の「Analyze which data sets?」が入力したデータであることを確認し、「OK」ボタンをクリックします。

7.3 l×m 分割表におけるχ2（カイ2乗）検定：Chi-square test

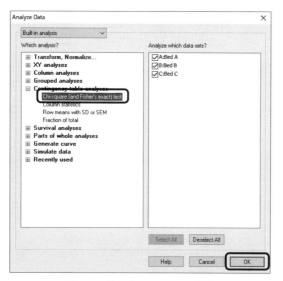

図 7.18 「Analyze Data」の設定

4. パラメータ画面の「Main Calculations」タブにおいて、「Method to compute the P value」の項目で「Chi-square test」を選択し、「OK」ボタンをクリックします。l × m 分割表では、計算式から分かる通り、オッズ比や相対リスクは計算できません。

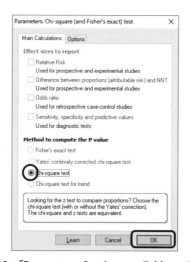

図 7.19 「Parameters: Contingency Tables」の設定

5. ナビゲータの「Results」フォルダには、計算された結果が表示されます。

第 7 章 カテゴリーデータの検定

	Contingency	
1	Table Analyzed	Data 1
2		
3	P value and statistical significance	
4	Test	Chi-square
5	Chi-square, df	18.2, 2
6	P value	0.0001
7	P value summary	***
8	One- or two-sided	NA
9	Statistically significant (P < 0.05)?	Yes
10		
11	Data analyzed	
12	Number of rows	2
13	Number of columns	3

図 7.20　計算結果

[4] 統計結果の解説

　2 × 2 分割表と同様に結果を見ます。2 × 2 分割表以外では、Fisher の直接確率法は使えませんので、選択できないようになっています。

　計算結果の 6 行目を見ると、χ^2 検定の p 値が 0.0001 となっており、帰無仮説が棄却されることになります。したがって、「ベッドの種類と腰痛の発生の間には、統計学的に有意な関係が認められる（χ^2 値 = 18.20、自由度 = 2、p = 0.0001）」ことになります。

第8章

生存分析：Survival analysis

　臨床の場面では、「この治療を受ければ、何年生き延びられるのか？」、「肝炎への感染から10年以内に肝硬変になる確率は？」など、「時間」が重要なファクターになる場合があります。このような、死亡や病気の発症、退院、悪性腫瘍の消失など、あるはっきりとしたエンドポイントを持つイベントが生じるまでの時間を基に解析する方法があります。このような「時間」が重要なファクターになる場合に用いる統計手法を総称して「生存分析（Survival analysis）」と呼んでいます。この言葉からイメージされるような、必ずしも死亡までの時間を解析するものではないことに注意してください。

　では、生存分析を使う利点は何でしょうか。例をとって考えてみましょう。

　「ある治療薬の肺癌に対する有効性を検討するために、治療薬Aを投与した患者とプラセボを投与した患者の5年生存率を、治療開始5年後における死亡者数を調べ、χ^2検定で比較した。」

　この方法では、5年後というある時点での情報のみを用いて比較しており、患者が、5年間のうちいつ死亡したのか、また、5年以上少なくともいつまで生き延びることができたのかという情報を捨ててしまっていることになります。すなわち、治療後のある時点における「リスク」を較べることができません。生存分析では、これらの患者情報も利用することによって、より妥当性のある結論を導きだすことができます。

　では、どのような場合に生存分析は使えるのでしょうか。

1. 治療後、どのくらい生存可能なのか？
2. 5年生存率、10年生存率はどのくらいか？

3. どのようなファクターが、治療後の生存期間に重大な影響を与えるか？
4. 治療前の患者の状態は、治療後、症状の再発に影響を与えるか？
5. 治療薬により、症状が寛解するまでの期間に差はあるか？

いずれの場合も「時間」が従属変数になっており、生存分析で解析することができます。生存分析には、他の統計方法と同様に、パラメトリックテストとノンパラメトリックテストがあります。パラメトリックなデータを取り扱う場合は、総称して回帰モデルと呼ばれています。ここでは、ノンパラメトリック法のひとつである、「Kaplan-Meier法」を例に、紹介します。他には、以下のような方法が知られています。

1. Kaplan-Meier法：生命表、生存曲線を作成できる、ノンパラメトリック法
2. Log-rank test：いくつかの生存曲線間の差の検定（Mantel-Cox）を行う、ノンパラメトリック法
3. Cox's proportional-Hazards：ある因子が生存曲線にどのような影響を与えるか（regression model）を調べる方法

8.1　カプラン・マイヤー法：Kaplan-Meier法

それぞれの時点における生存率を計算して、生命表を作成する方法の1つです。これを階段状にグラフ化したものが、よくみかける生存曲線です。

[1] 統計処理

1. 新しいプロジェクトの作成

Welcome画面で「New Table & graph」の「Survival」を選択し、「Enter/import data:」の「Enter elapsed time as number of days (or months...)」を選択し、「Create」ボタンをクリックします。

8.1 カプラン・マイヤー法：Kaplan-Meier 法

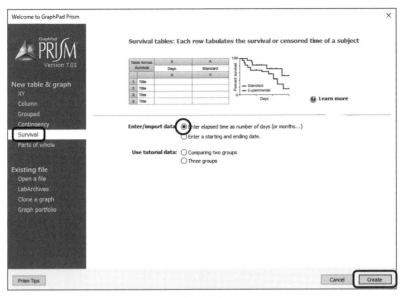

図 8.1 「Survival」の設定

2. 新規データの入力

X 列にはイベントが起こった時間（Time）を入力し、Group A には対照群（Placebo）患者でイベントが起こったか否かを「1」または「0」で入力します。初期設定では、イベントのエンドポイントの発生を「1」、打ち切り項目を「0」と設定してあるため、このような入力をしますが、「1」、「0」以外の数値を使用することもできます。生存曲線の項目では、データが入力されたら、「Analyze」ボタンをクリックしなくても自動的に「Survival proportions」、「# of subjects at risk」、「Data summary」が計算され、さらにグラフも作成されます。

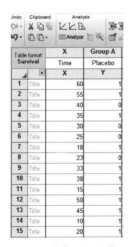

図 8.2 データの入力

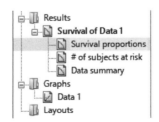

図 8.3 自動的に計算された計算結果のシート

251

第 8 章　生存分析：Survival analysis

	X	A
	Time	Placebo
	X	Percentage
1	0.000	100.000
2	10.000	93.333
3	15.000	86.667
4	18.000	80.000
5	20.000	73.333
6	23.000	73.333
7	25.000	73.333
8	30.000	73.333
9	33.000	64.167
10	35.000	55.000
11	38.000	45.833
12	40.000	45.833
13	45.000	34.375
14	50.000	22.917
15	55.000	11.458
16	60.000	0.000

図 8.4　計算結果（Survival proportions）

	X	A
	X Title	Placebo
	X	Y
1	0.000	15
2	10.000	15
3	15.000	14
4	18.000	13
5	20.000	12
6	23.000	11
7	25.000	10
8	30.000	9
9	33.000	8
10	35.000	7
11	38.000	6
12	40.000	5
13	45.000	4
14	50.000	3
15	55.000	2
16	60.000	1

図 8.5　計算結果（# of subjects at risk）

	Survival Data summary	
1	Number of rows	15
2	# of blank lines	0
3	# rows with impossible data	0
4	# censored subjects	4
5	# deaths/events	11
6		
7	Median survival	38

図 8.6　計算結果（Data summary）

3.　パラメータの変更

　Survival 分析の「Data summary」をクリックすると、色々なパラメータを変更することができます。ここでは、「Cancel」ボタンをクリックして、別の方法で新規に分析をさせることにします。

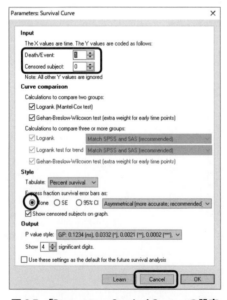

図 8.7　「Parameters: Survival Curve」の設定

4. 再分析の方法

ナビゲータの「Data Tables」フォルダに移動し、上部ツールバーの「New」ボタンから「New analysis...」を選択します。

「Create New Analysis」画面の、「Type of analysis」の「Which analysis?」において、「Survival analyses」から「Survival curve」を選択し、「OK」ボタンをクリックします。

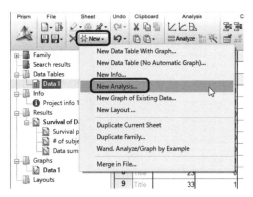

図 8.8 「New Analysis...」を選択

図 8.9 「Create New Analysis」の設定

第 8 章　生存分析：Survival analysis

5. すでに最初の分析結果が存在しますので、新たに結果シートを作成するため、「Analyze this table again, creating a new results sheet」を選択し、「OK」ボタンをクリックします。

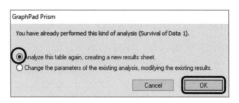

図 8.10　新しい結果シートの追加

6. ここでは、95 ％信頼区間を計算させることにします。こちらの方法の方がより正確で推奨されるということになっています。最後に「OK」ボタンをクリックします。

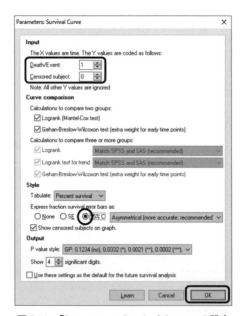

図 8.11　「Parameters: Survival Curve」の設定

7. 「Results」セクションの「Survival proportions」のシートを見てみると、平均だけでなく、+Error、−Error の値が計算されていることが分かります。

	X	A		
	Time	Placebo		
	X	Percentage	+Error	-Error
1	0.000	100.000		
2	10.000	93.333	5.700	32.069
3	15.000	86.667	9.822	30.275
4	18.000	80.000	13.072	30.018
5	20.000	73.333	15.719	29.713
6	23.000	73.333		
7	25.000	73.333		
8	30.000	73.333		
9	33.000	64.167	19.424	30.822
10	35.000	55.000	22.286	30.020
11	38.000	45.833	24.385	27.953
12	40.000	45.833		
13	45.000	34.375	27.046	24.737
14	50.000	22.917	28.192	18.976
15	55.000	11.458	27.558	10.776
16	60.000	0.000	0.000	0.000

図 8.12　計算結果

8.「Graph」セクションをクリックして、グラフを見てみましょう。生存曲線に 95 ％信頼区間の線が増えていることが分かります。

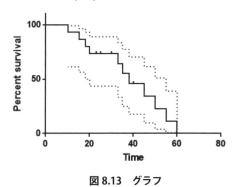

図 8.13　グラフ

8.2 ログ・ランク法：Log-rank (Mantel-Cox) 法

[1] 帰無仮説

抗癌薬 A を用いても、生存率に差はない。

例題

抗癌薬 A の投与により、生存率が延びるかどうか調べたい。抗癌薬を投与した患者 20 名と、プラセボを投与した患者 15 名で、投与開始から 60 ヶ月まで調べた。このデータから生存曲線を作成しなさい。なお、他の要因により死亡した患者については、「censored variable（センサー変数）」として取扱い、その時点までの観察月数を入力することとする。

1. 独立変数：抗癌薬の投与の有無（カテゴリー変数）。
2. 従属変数：死亡までの期間（月数）（間隔変数）。
3. センサー変数：通常、観察期間は限られていますので、期間中にすべての患者の「イベント（この例では死亡）」、を確認することはできません。すなわち、一部の患者に対しては、「イベント時間」は決まらず、単に「少なくともここまでの期間は生存した」という情報のみが得られます。このような場合は、打ち切り項目（Censored observation）として処理します。Prism の初期設定では、censored には「0」が、uncensored (Death/Event) などのイベントには「1」が入力されていますが、変更することも可能です。

[2] 統計処理

1. 新しいプロジェクトの作成

Welcome 画面で「New Table & graph」の「Survival」を選択し、「Enter/import data:」の「Enter elapsed time as number of days (or months...)」を選択し、「Create」ボタンをクリックします。

8.2 ログ・ランク法：Log-rank（Mantel-Cox）法

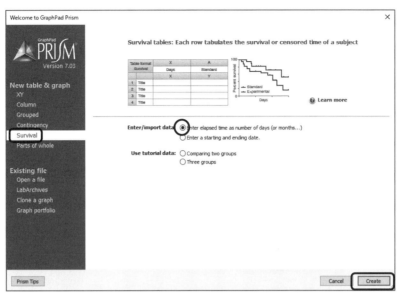

図 8.14 「Survival」の設定

2. 新規データの入力

X 列にはイベントが起こった時間、または打ち切った時間（Time）を入力し、Group A には、対照群においてイベントが起きた場合は「1」を、打ち切った場合には「0」を入力し、Group B には、薬物処置群においてイベントが起きた場合は「1」を、打ち切った場合には「0」を入力します。データが入力されたら、「Analyze」ボタンをクリックしなくても自動的に「Survival proportions」、「# of subjects at risk」、「Data summary」が計算され、さらにグラフが作成されます。

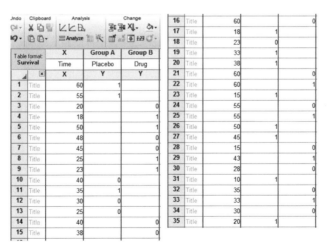

図 8.15 データの入力

3. 入力データの解析

上記のように「Analyze」ボタンをクリックしなくても自動的に計算、グラフ化されますが、「Analyze」ボタンをクリックした場合には、左側メニューの「Survival Analyses」の「Survival curve」を選択して「OK」ボタンをクリックすることにより、再解析が可能です。

図 8.16 「Analyze Data」の設定

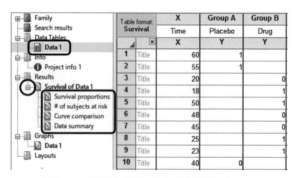

図 8.17 自動的に計算された計算結果のシート

4. ナビゲータの「Results」フォルダには、自動的に計算された「Survival proportions」、「# of subjects at risk」、「Curve comparison」、「Data summary」シートが表示されます。

8.2 ログ・ランク法：Log-rank（Mantel-Cox）法

	X	A	B
	Time	Placebo	Drug
	X	Percentage	Percentage
1	0.000	100.000	100.000
2	10.000	93.333	
3	15.000	86.667	100.000
4	18.000	80.000	94.737
5	20.000	73.333	94.737
6	23.000	73.333	89.164
7	25.000	73.333	83.591
8	28.000		83.591
9	30.000	73.333	83.591
10	33.000	64.167	77.161
11	35.000	55.000	77.161
12	38.000	45.833	77.161
13	40.000	45.833	77.161
14	43.000		68.588
15	45.000	34.375	68.588
16	48.000		68.588
17	50.000	22.917	57.156
18	55.000	11.458	45.725
19	60.000	0.000	30.483

図 8.18　計算結果（Survival proportions）

	X	A	B
	Time	Placebo	Drug
	X	Y	Y
1	0.000	15	20
2	10.000	15	
3	15.000	14	20
4	18.000	13	19
5	20.000	12	18
6	23.000	11	17
7	25.000	10	16
8	28.000		15
9	30.000	9	14
10	33.000	8	13
11	35.000	7	12
12	38.000	6	11
13	40.000	5	10
14	43.000		9
15	45.000	4	8
16	48.000		7
17	50.000	3	6
18	55.000	2	5
19	60.000	1	3

図 8.19　計算結果（# of subjects at risk）

	Survival Curve comparison		
1	Comparison of Survival Curves		
2			
3	Log-rank (Mantel-Cox) test		
4	Chi square	4.647	
5	df	1	
6	P value	0.0311	
7	P value summary	*	
8	Are the survival curves sig different?	Yes	
9			
10	Gehan-Breslow-Wilcoxon test		
11	Chi square	3.298	
12	df	1	
13	P value	0.0694	
14	P value summary	ns	
15	Are the survival curves sig different?	No	
16			
17	Median survival		
18	Placebo	38	
19	Drug	55	
20	Ratio (and its reciprocal)	0.6909	1.447
21	95% CI of ratio	0.2779 to 1.718	0.5822 to 3.598
22			
23	Hazard Ratio (Mantel-Haenszel)	A/B	B/A
24	Ratio (and its reciprocal)	2.941	0.34
25	95% CI of ratio	1.103 to 7.844	0.1275 to 0.9067
26			
27	Hazard Ratio (logrank)	A/B	B/A
28	Ratio (and its reciprocal)	2.529	0.3955
29	95% CI of ratio	0.9864 to 6.482	0.1543 to 1.014

図 8.20　計算結果（Curve comparison）

	Survival Data summary	A	B
		Placebo	Drug
		Y	Y
1	Number of rows	35	35
2	# of blank lines	20	15
3	# rows with impossible data	0	0
4	# censored subjects	4	12
5	# deaths/events	11	8
6			
7	Median survival	38	55

図 8.21　計算結果（Data summary）

5. ナビゲータの「Graphs」フォルダをクリックします。最初に設定した通り、イベントが起こった時点にそれぞれの群のシンボルが入り、100 % から徐々に階段状に減少する生存曲線ができあがっています。

　グラフの表示を変える場合は、上部メニューバーの「Change」から「Graph Type...」を選択すれば変更可能です。ここでは、「Staircase, points, no error bars」のグラフを選択し、「Plot symbols at:」では、すべてのデータポイント（All points）を表示させています。打ち切りデー

タのみ（Censored points only）を表示させることも可能です。

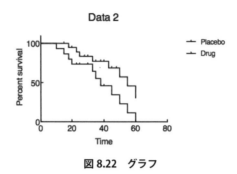

図 8.22　グラフ

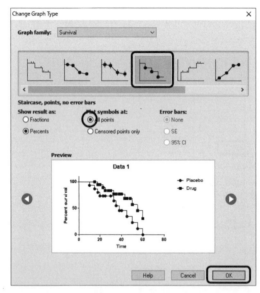

図 8.23　グラフ

[3] 統計結果の解説

　Prism では、2 または 3 群以上のデータを入力すると、Log-rank（Mantel-Cox）Test または、Gehan-Breslow-Wilcoxon Test によって、帰無仮説が自動的に検定されます。2 群の場合は、Mantel-Haenszel test と同じになります。

　Log-rank（Mantel-Cox）Test では、計算結果の 6 行目を見ると p 値が 0.0311 となっており、帰無仮説が棄却されることになります。したがって、「対照群と較べ、抗癌薬 A により有意に生存率が延長する（χ^2 値 = 4.647、自由度 = 1、p = 0.0311）」という結果が得られます。Gehan-Breslow-Wilcoxon Test では、有意な差とはなっていません。どちらの方法が良いのかについては統計専門書を参照してください。

また、Percent survival が 50 % になるところの時間、平均生存時間（Median survival）が 17 〜 21 行目に計算されています。この例題では、対照群の平均生存時間は 38 ヶ月、抗癌薬 A を投与した群では 55 ヶ月ということになり、その比は 0.6909（95 % 信頼区間：0.2779-1.718）と計算されます。

　さらに、2 本の生存曲線を比較する場合には、Prism ではハザード比とその 95 % 信頼区間が計算されます。ハザードとは、生存曲線の傾きを表し、どのくらい早く患者が死亡するのかを表していることになります。もし、2 本の生存曲線の比が 2 の場合には、死亡に至る速度が他の群のそれの 2 倍であることを示しています。この例題では、ハザード比が 2.529 となっていますので、抗癌薬 A を投与しなかった患者では、投与された患者と較べ、死亡に至る速度が 2.529 倍早いことになります。

第9章

曲線回帰のための非線形回帰の利用

　直線回帰式は、計算式が簡単で容易にグラフ化でき直感的に理解できます。しかし、生化学的、生物学的あるいは薬理学的な研究を行っていると、多くの現象が線形（直線関係）ではなく、非線形（曲線関係）で表されることが多いことに気づきます。Prismでは、得られた結果を直接プロットし、データを変換することなく曲線のまま計算し、パラメータを求めることができます。

　ここでは、なぜ非線形回帰が優れているのか例をあげて説明し、その使い方に触れてみます。Prismには非線形回帰のプログラムが非常に多彩に用意されており、簡単にパラメータを計算することができます。

9.1 受容体結合実験

例題

脳シナプトソームにおける受容体の数（Bmax：最大結合量）と、その受容体に対するある薬物の親和性（Kd：平衡解離定数）を求めるため、放射ラベルした様々な濃度の薬物（放射性リガンド）を、脳シナプトソームとインキュベーションし、結合が平衡に達したあとろ過し、放射能の量を測定した。シナプトソーム蛋白 1 mg あたりの受容体結合量を求め fmol で示した。得られた以下のデータを基に、Bmax および Kd 値を求めよ。

表 9.1 受容体結合実験データ

リガンド［nM］	特異的結合（fmol/mg protein）
0.25	2.0
0.50	4.0
1.00	8.5
2.50	20.0
5.00	28.0
7.50	33.0
10.00	39.0
12.50	39.0
15.00	38.0
17.50	42.0
20.00	43.0
22.50	45.0
25.00	43.0

多くの受容体では、放射性リガンドは受容体と可逆的に結合します。この関係を式に表すと、

$$\text{受容体} + \text{リガンド} \underset{}{\overset{Kd}{\rightleftarrows}} \text{受容体・リガンド}$$

となり、さらに平衡状態の化学的定義および質量作用の法則から、放射性リガンドの濃度と平衡状態における結合量の関係は、

$$\text{特異的結合} = \frac{Bmax \cdot [\text{リガンド濃度}]}{Kd + [\text{リガンド濃度}]}$$

で示されます。この関係は線形ではありませんので、線形回帰を利用できません。Bmax と Kd 値の最適な値を求めるためには、データポイントを通過するような曲線を回帰（適合）させる必要があります。

[1] 曲線データを直線に変換してはいけないのはなぜか？

「大学で、このような場合には、Scatchard 解析（本来は、Scatchard plot して解析するという意味）すれば良いと習った！」。果たしてそうでしょうか。例題を用いて考えてみましょう。

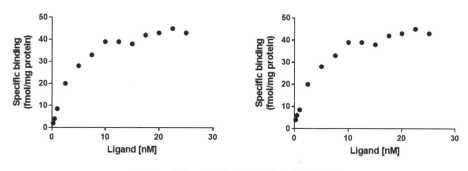

図 9.1　リガンドの濃度と特異的結合量の関係

横軸はリガンドの濃度を示し、縦軸は特異的結合量を示しています。この図から、低濃度の放射性リガンドでは特異的結合がほとんどなく、リガンドの濃度が増加するにつれ、特異的結合、すなわち受容体に結合したリガンドの量が増加していることが分かります。さらにリガンドの濃度を増加すると、受容体とリガンドの結合が 100 % の飽和状態に近づき、特異的結合量はプラトーになってきます。プラトーになったときの最大結合量が Bmax となり、Kd 値は、平衡状態で受容体の半数に結合するために必要な放射性リガンドの濃度になります。

左の図は例題の値をそのままプロットしたもので、右の図はリガンド濃度が 0.25 nM のときの特異的結合量を 4 fmol/mg protein、0.5 nM のときの特異的結合量を 6 fmol/mg protein にしたときのグラフです。いずれの図からも、直感的に、Bmax は 50 〜 60 fmol/mg protein、Kd 値は 4 〜 5 nM 付近になると思われます。

さて、これらのデータを Scatchard 変換して直線回帰した場合には、どうなるでしょうか。

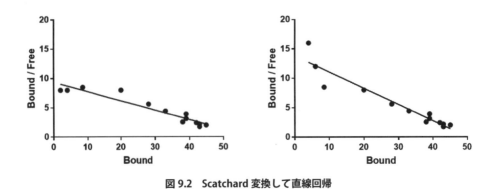

図 9.2　Scatchard 変換して直線回帰

　図 9.1 の左図が図 9.2 の左図に、図 9.1 の右図が図 9.2 の右図に対応します。同じデータと思われるでしょうか。では、それぞれのパラメータを比較してみましょう。

表 9.2　パラメータ

	左側の図	右側の図
非線形回帰	Bmax：52.07、Kd：4.297	Bmax：51.47、Kd：4.077
線形回帰	Bmax：58.57、Kd：6.248	Bmax：49.99、Kd：3.613

　この例題の場合のように、Scatchard plot では、ばらつきを誇張し歪曲させる場合があります。計算式からも分かるように、低濃度のリガンドのときにこの傾向が顕著に現れます。その誇張されたデータを基に線形回帰するのですから、その影響が大きく出て、真の値とかけ離れたパラメータが計算されてしまいます。その点、非線形回帰の場合には、低濃度でも高濃度でも同じ「重み」で回帰を行いますので、低濃度における実験データのばらつきだけが誇張されることはありません。

　同様に、生化学領域で使われる両辺対数、Lineweaver-Burke プロットや、薬物動態学的研究で用いられる対数変換では、同様の問題が生じる恐れがあります。もちろん、データ変換によって実験データのばらつきがより均一化し、よりガウス分布に近づく場合には、データ変換を行った方が有用な場合もありますが、多くの場合、変換によってデータのばらつきはより不均一なものとなり、ガウス分布から離れたものになってしまいます。

　コンピュータが安価になり、誰にでも使え、また、線形回帰をしなくても、非線形回帰が簡単に行える Prism のようなソフトウェアがあるのですから、わざわざグラフを直線にしてデータ解析を行う必要はないことになります。変換データを用いたデータ解析では正確な Bmax や Kd 値を得ることができませんが、変換データをグラフ化することによって視覚的にデータを見ることができる点では有用と思われます。例えば、Bmax や Kd 値の変化を示したい場合には有効でしょう。

　最後に、例題のデータを Prism で作成したグラフおよび解析結果を示します。

[2] 統計処理

1. Welcome 画面で「New Table & graph」の「XY」を選択し、「Enter/import data:」の「Numbers」を選択し、「Create」ボタンをクリックします。

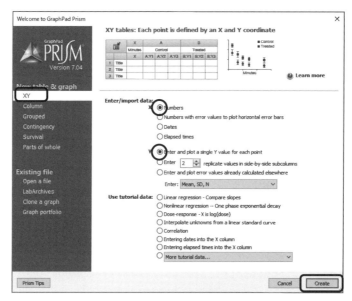

図 9.3 「XY」の設定

2. 新規データの入力

X カラムに濃度（Concentration）を、Group A に特異的結合量（Specific binding）を入力します。データを入力したら、「Analyze」ボタンをクリックします。

図 9.4 データの入力

3. 入力データの解析

「Built-in analysis」が選択されていることを確認し、「XY analyses」から「Nonlinear

regression (curve fit)」を選択して、「OK」ボタンをクリックします。

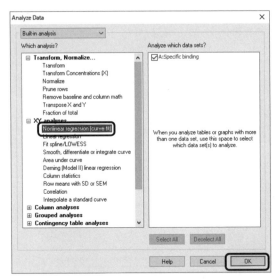

図 9.5 「Analyze Data」の設定

4. パラメータ画面の一番左の「Fit」タブで、「Choose an equation」の項目の「Binding - Saturation」から「One site - Specific binding」を選択し、「OK」ボタンをクリックします。ここで、ヘルプメニューの「Learn about this equation」を選択すると、この方程式およびその式から作図されるグラフの例が表示され、また、使い方や解釈などの詳細な情報を得ることができます。

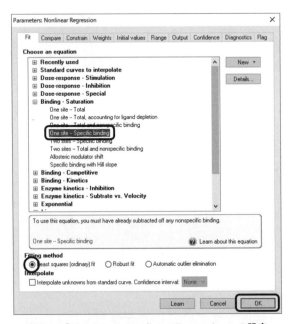

図 9.6 「Parameters: Nonlinear Regression」の設定

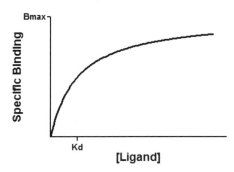

図 9.7　ヘルプに表示されるグラフの例

5. ナビゲータの「Results」フォルダには、この方程式で非線形解析された結果が表示されます。3 行目に最大結合量（Bmax）が、4 行目に、Kd 値が計算されています。

	Nonlin fit	A Specific binding Y
1	One site -- Specific binding	
2	Best-fit values	
3	Bmax	52.07
4	Kd	4.297
5	Std. Error	
6	Bmax	1.401
7	Kd	0.4228
8	95% CI (profile likelihood)	
9	Bmax	49.25 to 55.31
10	Kd	3.485 to 5.309
11	Goodness of Fit	
12	Degrees of Freedom	11
13	R square	0.9926
14	Absolute Sum of Squares	21.87
15	Sy.x	1.41
16		
17	Number of points	
18	# of X values	13
19	# Y values analyzed	13

図 9.8　計算結果

6. では、どのような飽和曲線（Saturation curve）ができているでしょうか。

ナビゲータの「Graphs」フォルダをクリックします。ここでは、結合部位が1箇所と仮定した場合の方程式に適合させたときのグラフが描かれています。

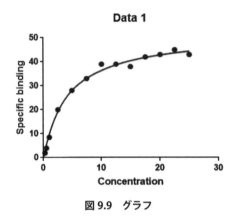

図 9.9　グラフ

7. Prism では、上記の特異的結合実験データより Scatchard plot が作成できます。非線形解析に対応した Scatchard line を作成する方法は後述します。

まず、上部ツールバーの「New」ボタンから「New Analysis...」を選択します。

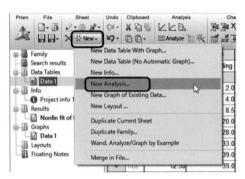

図 9.10　「New Analysis...」を選択

8. 「Type of analysis」の「Which analysis?」から「Transform, Normalize...」の項目「Transform」を選択し、「OK」ボタンをクリックします。

9.1 受容体結合実験

図 9.11 「Create New Analysis」の設定

9. パラメータ画面の「Function List」から「Pharmacology and biochemistry transforms」を選択し、さらに、「Scatchard」を選択して「Create a new graph of the results」にチェックを入れ、「OK」ボタンをクリックします。

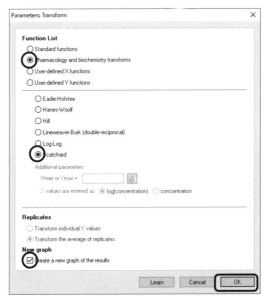

図 9.12 「Parameters: Transform」の設定

271

10.　ナビゲータの「Results」フォルダに、新たに Scatchard 変換した表が作成されます。

	X	A
	Specific binding	Concentration
	X	Y
1	2.000	8.000
2	4.000	8.000
3	8.500	8.500
4	20.000	8.000
5	28.000	5.600
6	33.000	4.400
7	39.000	3.900
8	39.000	3.120
9	38.000	2.533
10	42.000	2.400
11	43.000	2.150
12	45.000	2.000
13	43.000	1.720

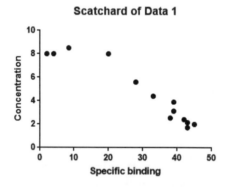

図 9.13　Scatchard 変換された表

11.　ナビゲータの「Graphs」フォルダに、作成された表を元にした Scatchard plot が自動で作図されます。ここで前述したように、このデータを元に直線回帰を行ってはいけません。では、どのように非線形解析したデータに対応したグラフを作成するのでしょうか。

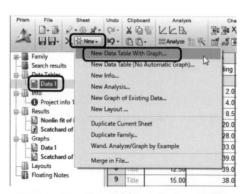

図 9.14　Scatchard 変換されたグラフ

12.　ナビゲータの「Data Tables」フォルダに戻り、上部ツールバーの「New」ボタンから「New Data Table With Graph...」を選択します。

図 9.15　「New Data Table (+Graph)...」を選択

13. 「New table & graph」の「XY」を選択し、「Enter/import data:」の項目では、「X:」は「numbers」を、「Y:」は「Enter and plot a single Y value for each point」を選択し、「Create」ボタンをクリックします。

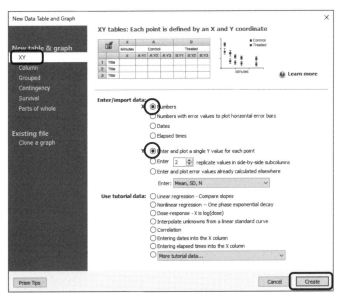

図 9.16 「XY」の設定

14. 図 9.17 のように、1 行目の X カラムには 0、Group A の Y カラムには「Results」セクションで計算された Bmax および Kd 値から Bmax / Kd 比を計算して入力します。2 行目の X カラムには Bmax の値、Y カラムには 0 を入れます。Scatchard plot の X 軸および Y 軸の切片を入力したことになります。

入力したグラフが、図 9.18 に作図されています。

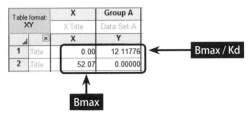

図 9.17 Scatchard plot の X 軸および Y 軸の切片を入力

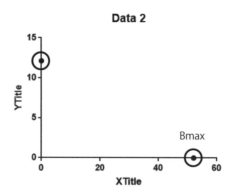

図 9.18　Scatchard plot の X 軸および Y 軸の切片のプロット

15.　グラフの X 切片または Y 切片をダブルクリックし、「Format Graph」画面にします。ここで、「Show symbols」のチェックを外し、「Show connecting line / curve」にチェックを入れた後、「OK」ボタンをクリックします。または、「Change Graph」で「Points & connecting line」のグラフを選択し、「OK」ボタンをクリックします。ナビゲータの「Graphs」フォルダに変更されたグラフが表示されています。

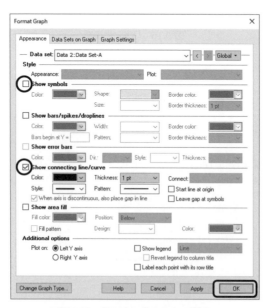

図 9.19　「Format Graph」の設定

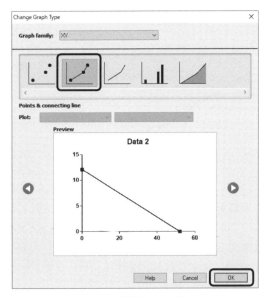

図 9.20　変換されたグラフ

16. ナビゲータの「Graphs」フォルダでグラフを表示したまま、先ほど Scatchard plot 用に作成した変換データ（Scatchard of Data 1）をドラッグ＆ドロップで、グラフに移動します。ポインタを「Scatchard of Data 1」の位置に合わせると、シートのサムネイル表示がされますので、内容の確認ができます。

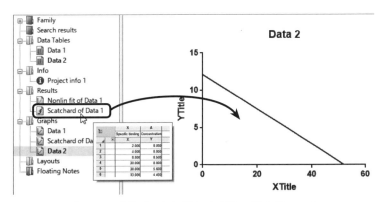

図 9.21　変換データをグラフにドラッグ＆ドロップ

17. 変換したデータポイントを線で結んだグラフが現れますが、後から追加したグラフは線で結んだものにはしたくないので、legend の「Concentration」左のシンボル辺りをダブルクリックします。

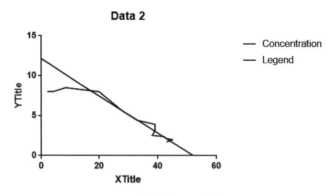

図9.22　lineの適当な部分をダブルクリック

18.　「Format Graph」画面で、「Show symbols」のチェックを入れ、「Show connecting line/curve」にチェックを外した後、「OK」ボタンをクリックします。ナビゲータの「Graphs」フォルダに変更されたグラフが表示されます。

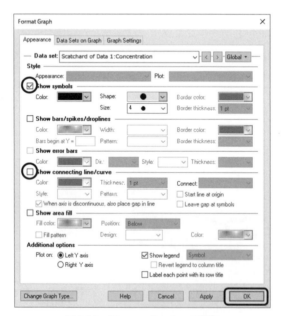

図9.23　「Format Graph」の設定

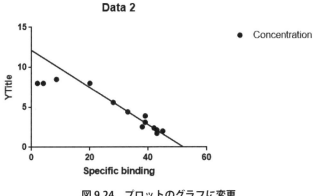

図 9.24　プロットのグラフに変更

19.　もし、図 9.13 で作成した Scatchard plot のデータから直線回帰を行ったら、どのようになってしまうでしょうか。左側の図が非線形解析で得られた Bmax および Kd 値を使ったグラフ、右の図が直線回帰を行ったグラフです。Bmax および Kd 値が大きく異なることが分かります。

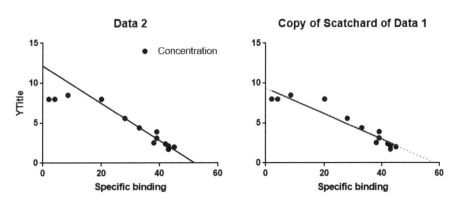

図 9.25　非線形解析と直線回帰のグラフの比較

20.　最後に、図 9.9 で作成した図と図 9.24 をレイアウト上で合成してみます。上部ツールバーの「New」ボタンから「New Layout...」を選択します。

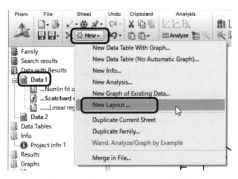

図 9.26　「New Layout...」を選択

21. 「Page options」で「Orientation」（向き）を「Landscape」（横向き）にし、「Arrangement of graphs」で、グラフの内側に小さなグラフを入れる形式を選択します。ここでは、飽和曲線の図に、Scatchard plot で作成した図を入れてみます。挿入したい図を、それぞれナビゲータの図からドラッグ＆ドロップします。

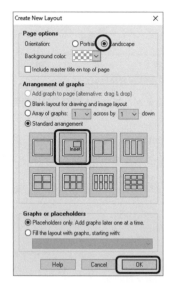

図 9.27　「Create New Layout」の設定

22. ここでは、目的のレイアウトにするため、グラフのタイトル、縦軸、横軸なども変更してあります。

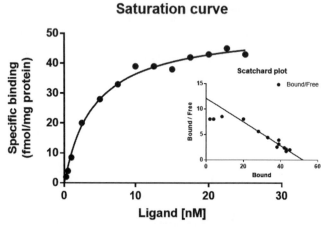

図 9.28　レイアウトに 2 つのグラフを表示

[3] 非線形回帰における注意点

　直線回帰で得られる結果は常に1つしかありませんが、非線形回帰では、プログラムが誤った結果を出す場合があります。非線形回帰プログラムは、最初にそれぞれのパラメータ（この例題の場合は、BmaxとKd）の初期値によって定義される曲線をつくり、それぞれのデータ点と曲線の垂直距離の平方和を計算します。次にその適合度を高めるために、少しずつパラメータを修正し平方和を計算しなおします。どのようにパラメータを変化させても曲線とデータ点の垂直距離の平方和が小さくならない場合に計算を終了させます。初期値が適正でないと、最適ではない、local minimum といわれる点で平方和の合計が最小と計算されてしまう場合がありますので、注意が必要です。通常、グラフから読み取れる適切な初期値を入力すれば、ほとんどこのような問題が起こることはありません。

　今回の例題の場合、特異的結合（Specific binding）のデータから Bmax および Kd 値を求めましたが、Prism では、Total binding および Non-specific binding のデータから直接 Bmax および Kd 値を求めることができます。この方法の方が、より正確な値を得ることができます。そのときの方程式およびグラフは、図9.29 のようになります。

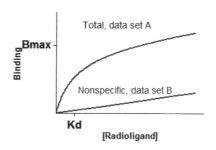

図 9.29　Total binding および Non-specific binding のデータから直線を求める

　また、Hill 係数（Hill slope）を求めることもできます。Hill 係数が1の場合には、共同性はなく1つの結合部位に対して結合し、1よりも大きい場合には、正の協同性、つまり飽和率が高いほど結合は促進されることを示します。

　図9.30 に示すのは、パラメータ画面の「Fit」タブで、「Choose an equation」の項目の「Binding - Saturation」から「Specific binding with Hill slope」を選択した結果です。

	Nonlin fit	A Specific binding
		Y
1	Specific binding with Hill slope	
2	Best-fit values	
3	Bmax	48.56
4	h	1.158
5	Kd	3.666
6	Std. Error	
7	Bmax	1.985
8	h	0.1011
9	Kd	0.3936
10	95% CI (profile likelihood)	
11	Bmax	44.91 to 54.31
12	h	0.9506 to 1.403
13	Kd	2.956 to 4.915
14	Goodness of Fit	
15	Degrees of Freedom	10
16	R square	0.9942
17	Absolute Sum of Squares	17.11
18	Sy.x	1.308
19		
20	Number of points	
21	# of X values	13
22	# Y values analyzed	13

図 9.30　Hill 係数と、Bmax および Kd 値の計算結果

　飽和曲線は、図 9.31 のように、シグモイドのような曲線となります。一方、Hill 係数が 1 より小さければ、負の協同性、つまり飽和に伴い結合は抑制されること（アロステリック抑制）を示すことになります。

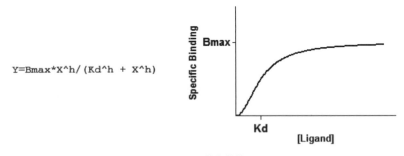

図 9.31　飽和曲線

9.2 非線形回帰を用いた標準曲線からの未知濃度の計算：タンパク定量および EIA キットによる定量

　標準曲線（Standard curve）または検量線は、既知濃度や活性の分かっている標準物質を用いて、サンプルと同じ処理をした後に得られた吸光度や HPLC におけるピーク高（面積）などの測定データとの関係をプロットしたものを指します。通常、線形回帰（直線回帰）した後に、測定値から濃度や活性を求めることが多いと思いますが、名前の通り標準曲線は直線性を示さないことも多く、また、前節のように、データを変換して直線にした後に計算した場合には誤差が生じやすいことを説明しました。Prism では、RIA（放射免疫測定法）、ELISA（酵素免疫測定法）、IRMA（免疫放射定量法）や比色法など各種測定データの標準曲線から、直接、濃度や活性を求めることができます。ここでは、タンパク定量法のひとつである Lowry 法のデータを用いた解析結果を示し、応用編として、試薬会社などがキットとして発売している、EIA のデータ解析についても紹介します。解析データは、コスモバイオ社のホームページの「Peptide Enzyme Immunoassay (EIA) Protocols」を参考にしました（http://search.cosmobio.co.jp/cosmo_search_p/search_gate2/docs/PLI_/S13370001.20110415.pdf）。

【1】タンパク定量

例題

試料中のタンパク量を求めるために、Lowry 法により吸光度を測定した。標準曲線をプロットしたところ、直線性を示さず、濃度が濃くなるにつれて、吸光度が頭打ちしていることが分かった。線形回帰を用いず、非線形回帰から、未知検体のタンパク量を求めよ。

[1] 統計処理

1. Welcome 画面で「New table & graph」の「XY」を選択し、「Enter/import data:」の「X:」は「Numbers」を、「Y:」は「Enter and plot a single Y value for each point」を選択し、「Create」ボタンをクリックします。

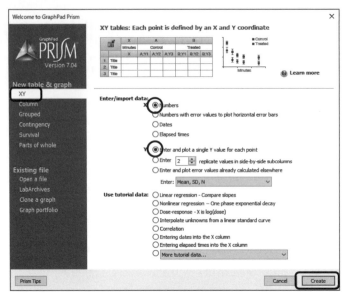

図 9.32　「XY」の設定

2.　新規データの入力

X カラムに標準物質の濃度（Concentration）を、Group A に吸光度（Abs）を入力します。最左列には、ここではブランク、標準物質または未知検体なのかの情報が入れてあります。未知検体では、吸光度は測定値から得られますが、濃度は、標準曲線から計算されることになりますので、ここでは空白になります。

Table format: XY		X Concentration	Group A Abs
		X	Y
1	blank	0	0.000
2	blank	0	0.000
3	blank	5	0.048
4	std	5	0.052
5	std	10	0.105
6	std	10	0.101
7	std	20	0.198
8	std	20	0.202
9	std	30	0.290
10	std	30	0.295
11	std	40	0.350
12	std	40	0.375
13	std	50	0.440
14	std	50	0.420
15	unknown		0.380
16	unknown		0.020
17	unknown		0.480
18	unknown		0.150

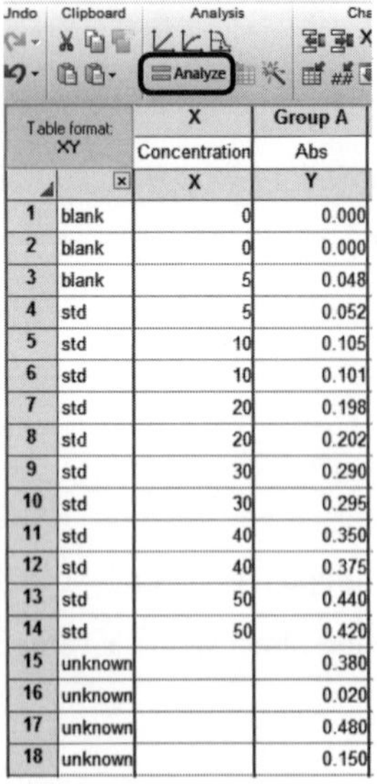

図 9.33　データの入力

3. では、どのような標準曲線（Standard curve）ができているでしょうか。ナビゲータの「Graphs」フォルダをクリックすると、次図が表示されます。低濃度の方では直線性がありそうですが、高濃度では吸光度は頭打ちになっています。グラフを確認したら、「Analyze」ボタンをクリックします。

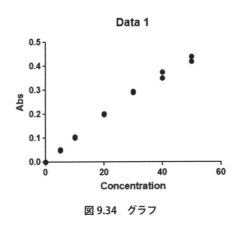

図9.34　グラフ

4. 入力データの解析

実際に非線形解析で標準曲線を作成します。「XY analyses」から「Nonlinear regression (curve fit)」を選択して、「OK」ボタンをクリックします。

図9.35　「Analyze Data」の設定

5. パラメータ画面一番左の「Fit」タブで、「Choose an equation」の項目の「Polynomial」から二次曲線「Second order polynomial (quadratic)」を選択します。また、「Fitting method」の項目は「Least squares (ordinary) fit」を選択、「Interpolate」（補間、内挿）の項目は「Interpolate unknowns from standard curve」（標準曲線から未知検体のデータを補間）にチェックを入れ、ここでは、「Confidence interval」（信頼区間）を 95 % で計算させるようにして、「OK」ボタンをクリックします。Interpolate にチェックを入れることにより、未知濃度の値が、標準曲線より内挿され計算されます。

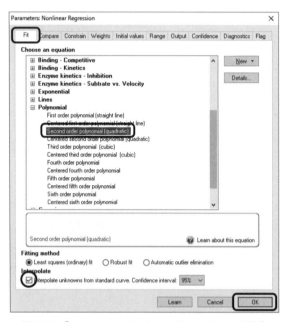

図 9.36　「**Parameters: Nonlinear Regression**」の設定

6. ナビゲータの「Results」フォルダには、この二次方程式（$Y = B2 * X^2 + B1 * X + B0$）で非線形解析された結果が表示されます。濃度が 0 のときの吸光度（B0）を「0」になるように固定することも可能です（後述）。

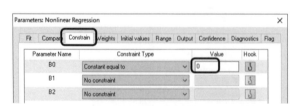

図 9.37　「**Parameters: Nonlinear Regression**」画面

	Nonlin fit Table of results	A Abs Y
1	Second order polynomial (quadratic)	
2	Best-fit values	
3	B0	-0.002671
4	B1	0.01124
5	B2	-5.163e-005
6	Std. Error	
7	B0	0.004175
8	B1	0.0004407
9	B2	8.652e-006
10	95% CI (profile likelihood)	
11	B0	-0.01186 to 0.006519
12	B1	0.01027 to 0.01221
13	B2	-7.067e-005 to -3.259e-005
14	Goodness of Fit	
15	Degrees of Freedom	11
16	R square	0.998
17	Absolute Sum of Squares	0.0006287
18	Sy.x	0.00756
19		
20	Number of points	
21	# of X values	14
22	# Y values analyzed	14

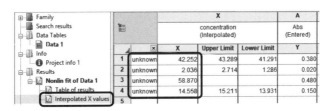

図 9.38　計算結果

7. ナビゲータの「Results」フォルダの「Interpolated X values」をクリックすると、この曲線から計算された未知検体のタンパク濃度および 95 % 信頼区間が計算されています。

		X: concentration (Interpolated) X	Upper Limit	Lower Limit	A: Abs (Entered) Y
1	unknown	42.252	43.289	41.291	0.380
2	unknown	2.036	2.714	1.286	0.020
3	unknown	58.870			0.480
4	unknown	14.558	15.211	13.931	0.150
5					

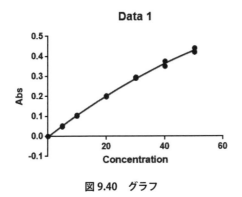

図 9.39　「Interpolated X values」シート

8. ナビゲータの「Graphs」フォルダをクリックすると、測定データに非線形回帰された曲線が追加されたグラフが表示されます。では、この図に、求めた未知検体のタンパク濃度を表示してみましょう。図 9.41 のように、上部ツールバーの「Change」にある「Add or remove data sets, and change their...」ボタンをクリックします。

図 9.40　グラフ

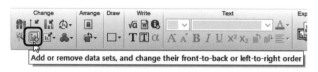

図 9.41 「Add or remove data sets, and change their...」ボタン

9. 「Format Graph」画面の「Data Sets on Graph」タブを表示して、「Data on graph」の下の「Add...」ボタンをクリックします。

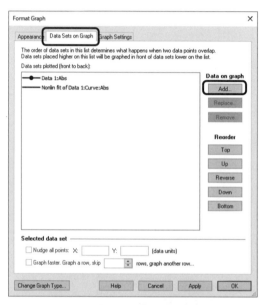

図 9.42 「Format Graph」の設定

10. 「Select」の「From the following data or results table:」項目から先ほど計算された未知検体の X の値「Nonlin fit of Data 1: Interpolated X values」を選択し、「OK」ボタン（Mac 版では「Add」ボタン）をクリックします。

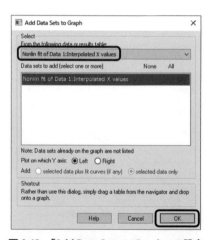

図 9.43 「Add Data Sets to Graph」の設定

11. 図 9.42 の画面に戻ったら、「Data sets plotted」のところにデータが加わっているか確認しておきます。

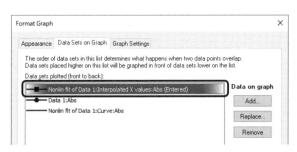

図 9.44 「Format Graph」の設定

12. 画面上部の「Appearance」を選択し、付け加えたいグラフのフォーマットを変更するため、ここでは「Show symbols」にチェックが入っていることを確認し、「Color:」は赤色、「Shape:」（シンボルの形）を四角に、また、「Show bars/spikes/droplines」の項目にチェックを入れ、未知検体のシンボルから X 軸に対し、垂直の線を降ろすことにします。ここでは、同様に、色は赤色、「Width:」（幅）は一番細い「0」、「Border color:」（境界線の色）も赤色を選択しています。また、「Show connecting line/curve」に入っているチェックは外し、「OK」ボタンをクリックします。

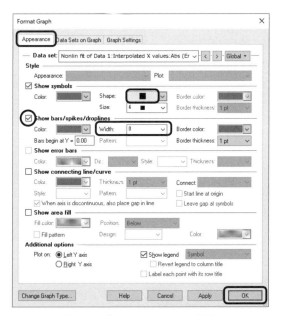

図 9.45 「Format Graph」の設定

13. ナビゲータの「Graphs」フォルダに、未知検体のシンボル（赤色の四角）が入った図が作成されます。ここでは、あえて未知検体の1つが、標準曲線を外れる値にしてあります。

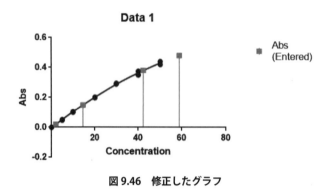

図9.46　修正したグラフ

14. では、この未知検体の濃度の推定を線形回帰で行ったらどうなるでしょうか。上部ツールバーの「Sheet」の「New」ボタンをクリックし、「New Analysis...」を選択します。次に、「XY analyses」から「Linear regression」を選択し、「OK」ボタンをクリックします。

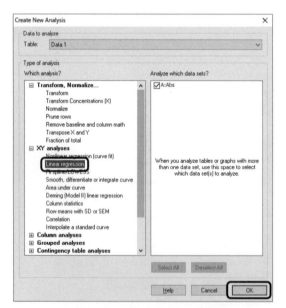

図9.47　「Analyze Data」の設定

15. パラメータ画面で、「Interpolate」（補間）の「Interpolate unknowns from standard curve」にチェックを入れ「OK」ボタンをクリックします。

9.2 非線形回帰を用いた標準曲線からの未知濃度の計算：タンパク定量および EIA キットによる定量

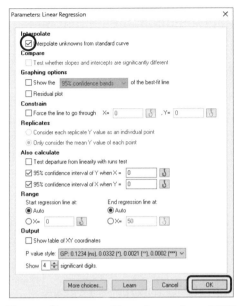

図 9.48 「Parameters: Linear Regression」の設定

16. ナビゲータの「Results」フォルダに、線形回帰の式のパラメータが表示されます。

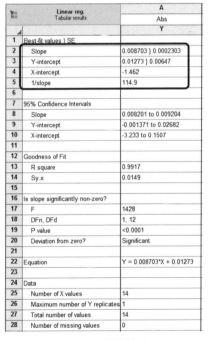

図 9.49 計算結果

17.　また、ナビゲータの「Results」フォルダの「Interpolated X values」をクリックすると、線形回帰で計算された未知検体の濃度が表示されます。

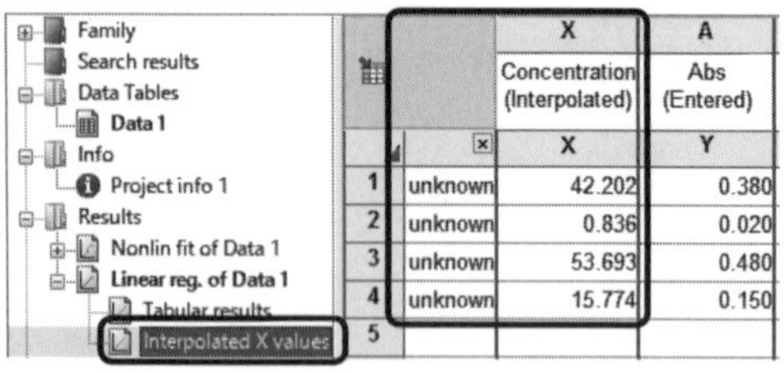

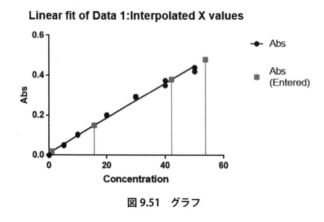

図 9.50　「Interpolated X values」シート

18.　図 9.51 には、非線形解析の場合と同様に未知検体のデータをグラフ上にプロットした図を作成してあります。

図 9.51　グラフ

19.　最後に、線形回帰および非線形回帰で作成された標準曲線と、それぞれ計算された未知検体の濃度を、同一レイアウト上で合成し比較します。

(Interpolated)			Data Set-A (Entered)
X	Upper Limit	Lower Limit	Y
42.252	43.289	41.291	0.380
2.036	2.714	1.286	0.020
58.870			0.480
14.558	15.211	13.931	0.150

X (Interpolated)	Data Set-A (Entered)
42.202	0.380
0.836	0.020
53.693	0.480
15.774	0.150

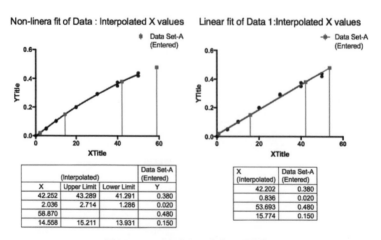

図 9.52　レイアウトに合成して配置

[2] 非線形回帰と線形回帰で作成された標準曲線から求めた未知検体の濃度

それぞれの標準曲線から求めた未知検体の濃度は、吸光度が 0.150 と 0.380 のときは、非線形回帰と線形回帰で得られた値がそれぞれ 14.558 と 15.774、および 42.252 と 42.202 と、小数点以下の差しかありません。しかし、吸光度が 0.020 と低い場合には 2.036 と 0.836、また、標準曲線を超える（通常は、未知検体は標準曲線に入るように希釈して実験するべきですが）場合では 58.870 と 53.693 のように、大きな差が出てしまいます。Prism のように、簡単に曲線からの濃度補間計算ができるプログラムがありますので、無理に線形回帰をせず、理論的にリーズナブルな非線形回帰式を利用して、濃度補間計算をしてください。

【2】 EIA のデータ解析（応用編）

例題

試料中の目的物質濃度を求めるために、市販の EIA キットにより実験を行い、吸光度を測定した。キットに付属しているプロトコールより、標準曲線は下式により解析できることが分かっている。この式を用い、非線形回帰で標準曲線を求め、ここから未知検体の濃度を求めよ。

$$Y = \frac{\text{Top} - \text{Bottom}}{1 + (X/C)^B} + \text{Bottom}$$

　　　Top: max
　　　Bottom: min
　　　C: IC^{50}
　　　B: slope

[1] 統計処理

1. Welcome 画面で「New table & graph」の「XY」を選択し、「Enter/import data:」の項目の「X:」は「Numbers」を、通常、測定キットで標準曲線を書く場合、デュプリケートで行うことが一般的だと思いますので、「Y:」は「Enter 2 replicate values in side-by-side subcolumns」を選択し、「Create」ボタンをクリックします。

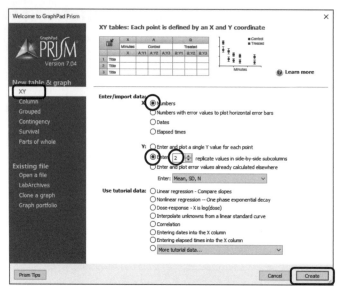

図9.53 「XY」の設定

2. 新規データの入力

Xカラムに標準物質の濃度（Concentration）を、Group Aに吸光度（Absorbance）をデュプリケートで入力します。最左列には、ここでは標準物質（S1～S6）および未知検体の吸光度がデュプリケートで入力してあります。未知検体の濃度は、標準曲線から計算されることになりますので、ここでは空白になります。

		X concentration	Group A Absorbance	
		X	A:Y1	A:Y2
1	S1	10.000	0.277	0.1750
2	S2	2.500	0.346	0.2900
3	S3	0.625	0.527	0.4760
4	S4	0.156	0.818	0.9380
5	S5	0.039	1.398	1.3610
6	S6	0.010	1.609	1.6080
7	S7			
8	S8			
9	sample#1		1.003	1.0050
10	sample#2		1.005	1.0070
11	sample#3		1.008	1.0100
12	sample#4		1.011	1.0130
13	sample#5		1.016	1.0180
14	sample#6		1.019	1.0210
15	sample#7		1.024	1.0260
16	sample#8		1.027	1.0290
17	sample#9		1.032	1.0340
18	sample#10		1.040	1.0042

図9.54 データの入力

3. では、どのような標準曲線（Standard curve）ができているでしょうか。ナビゲータの「Graphs」フォルダをクリックすると、次の左図が表示されます。X軸をダブルクリックして、「X

Axis」のフォーマットを変更します。「Scale」ボタンをクリックし、自然対数「Log 10」を選択し、最後に「OK」ボタンをクリックして対数表示にすると、測定キットに説明があるような右図が作成されます。グラフから分かる通り、低濃度および高濃度では吸光度は頭打ちになっています。

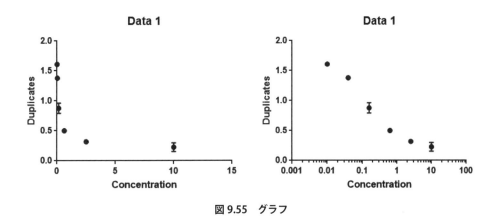

図 9.55　グラフ

4. 入力データの解析

実際に非線形解析で標準曲線を作成します。「Which analysis?」の「XY analyses」のメニューから、「Nonlinear regression (curve fit)」を選択して、「OK」ボタンをクリックします。

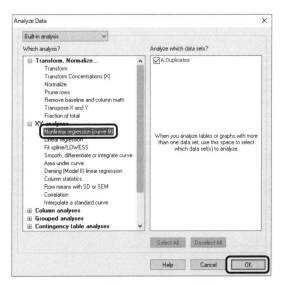

図 9.56　「Analyze Data」の設定

5. ここでは、上記 EIA の解析を行う計算式を Prism に入力し、それを用いて未知検体濃度を求めていくことにします。

まず、パラメータ画面の「Fit」タブで「Choose an equation」の表の右側にある「New」ボ

タンをクリックし、「Create new equation」を選択します。

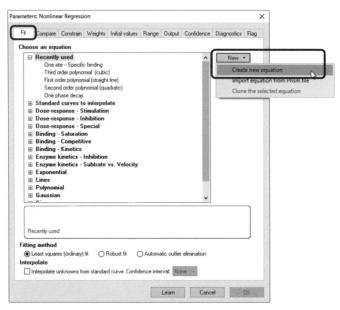

図9.57 「Parameters: Nonlinear Regression」の設定」

6. 「User-defined Equation」画面の「Equation」タブにおいて、「Name」項目に「EIA standard curve」と入力し、「Definition」に前述の計算式を入力します。「Description」には定義の説明が入れてあります。最後に「OK」ボタンをクリックします。

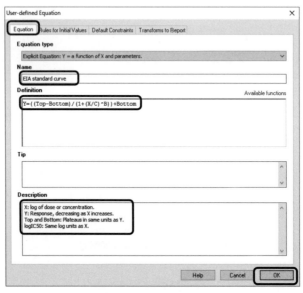

図9.58 計算式の入力

7. 初期値（initial values）が入力してありませんので、次図のようなメッセージが出ます。

9.2 非線形回帰を用いた標準曲線からの未知濃度の計算：タンパク定量および EIA キットによる定量

そのまま継続することもできますが、毎回、初期値を入力しなければならず、計算結果がうまくいかないこともありますので、ここでは、おおよその初期値を「Rules for Initial Values」画面に入力することにします。

図 9.59　初期値に関するメッセージ

8. 手順 3 で示した標準曲線の図から、それぞれのおおよそのパラメータを読み取ります。Top は、低濃度でプラトーになるところの濃度なので、ここでは 1.8 としています。Bottom は、高濃度でプラトーになるところの濃度なので、ここでは 0.2 としています。C は、IC^{50}（50 % 抑制濃度）なので、おおよそ Top から半分（1.8 の 1/2 で 0.9）になるところの濃度で 0.1 とし、B は slope（傾き）として仮に 0.9 を入力してあります。これらの値は、一度計算させた後に、より適切と思われる値に変更することができます。

「User-defined Equation」画面の「Rules for Initial Values」タブの「Initial Value」にそれぞれ上記の値を入力し、最後に「OK」ボタンをクリックします。

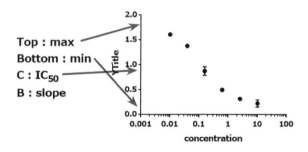

図 9.60　初期値の算出

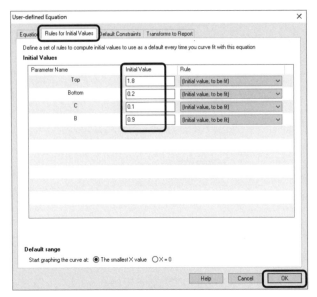

図 9.61　初期値の設定

9. パラメータ画面の「Fit」タブで、「Choose an equation」の項目の「User-defined equations」から、先ほど作成した「EIA standard curve」を選択します。また、画面下の「Interpolate」（補間）の「Interpolate unknowns from standard curve」（標準曲線から未知検体のデータを補間）にチェックを入れ、ここでは、「Confidence interval」（信頼区間）を 95 ％ で計算させるようにして、「OK」ボタンをクリックします。

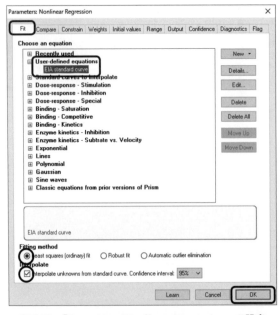

図 9.62　「Parameters: Nonlinear Regression」の設定

10. ナビゲータの「Results」フォルダには、この計算式で非線形解析された結果が表示されます。もし、先ほど設定した初期値がここで計算されてきた値と大幅に異なる場合は、ここで計算された値を初期値として、再度計算させることもできます。グラフ等で、これらの値が local minimum と呼ばれる局所的な最小値となっていないことを確認することも大切です。

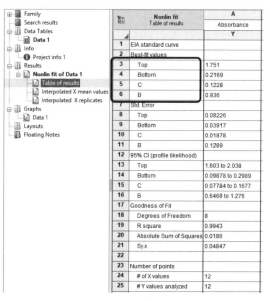

図 9.63　計算結果

11. ナビゲータの「Results」フォルダの「Interpolated X mean values」をクリックすると、この曲線から計算された未知検体の濃度および 95 % 信頼区間が計算されています。図 9.64（mean）は平均値、図 9.65（replicates）は個々の未知検体の濃度を示しています。

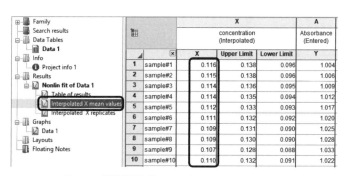

図 9.64　計算結果「Interpolated X mean values」

#		X concentration (Interpolated)			A Absorbance (Entered)
	[x]	X	Upper Limit	Lower Limit	Y
1	sample#1	0.116	0.139	0.097	1.003
2	sample#1	0.116	0.138	0.096	1.005
3	sample#2	0.116	0.138	0.096	1.005
4	sample#2	0.115	0.137	0.095	1.007
5	sample#3	0.115	0.137	0.095	1.008
6	sample#3	0.114	0.136	0.095	1.010
7	sample#4	0.114	0.136	0.094	1.011
8	sample#4	0.113	0.135	0.094	1.013
9	sample#5	0.112	0.134	0.093	1.016
10	sample#5	0.112	0.133	0.092	1.018
11	sample#6	0.111	0.133	0.092	1.019
12	sample#6	0.111	0.132	0.092	1.021
13	sample#7	0.110	0.131	0.091	1.024
14	sample#7	0.109	0.130	0.090	1.026
15	sample#8	0.109	0.130	0.090	1.027
16	sample#8	0.108	0.129	0.089	1.029
17	sample#9	0.107	0.128	0.089	1.032
18	sample#9	0.107	0.127	0.088	1.034
19	sample#10	0.105	0.125	0.087	1.040
20	sample#10	0.116	0.138	0.096	1.004

図 9.65　計算結果「Interpolated X replicates」

12. ナビゲータの「Graphs」フォルダをクリックすると、測定データに非線形回帰された曲線が追加されたグラフが表示されます。もし作成された図の X 軸が通常濃度となっていたら、対数に変換してみます。なお、未知検体の濃度計算は、上記のようにグラフの形に関係なく計算ずみです。

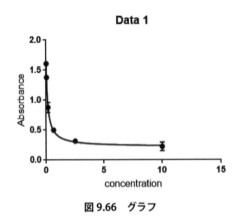

図 9.66　グラフ

13. ナビゲータの「Graphs」フォルダを表示したまま、上部ツールバーの「New」ボタンから「Duplicate Current Sheet」を選択します。

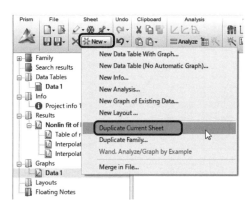

図 9.67 「Duplicate Current Sheet」を選択

14. X 軸をダブルクリックして「X Axis」のフォーマットを変更します。「Scale」ボタンをクリックし、自然対数「Log 10」を選択し、最後に「OK」ボタンをクリックします。

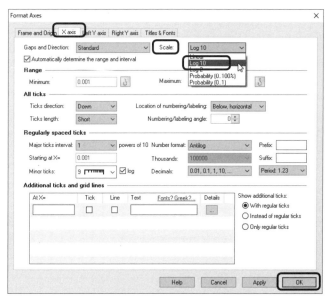

図 9.68 「Format Axes」の設定

15. EIAキットのプロトコールに表示されているような標準曲線を作ることができます。手順 11 で得られた濃度から、次の統計計算に進むことができます。

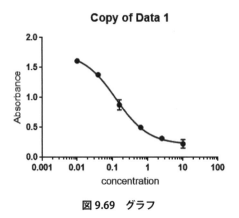

図 9.69　グラフ

16. 市販の試薬キットを用いた測定では、同じプロトコールで何度も同様の計算をすることになると思われます。そのようなときは、もっと簡便に Prism で未知検体濃度を計算させることができます。

まず、以前に作成した同じ試薬キットを用いたファイルを、「Recent project」から選択します。ここでは、X 軸が対数表示の標準曲線を作成するアイコンを選択し、「Clone」ボタンをクリックします。

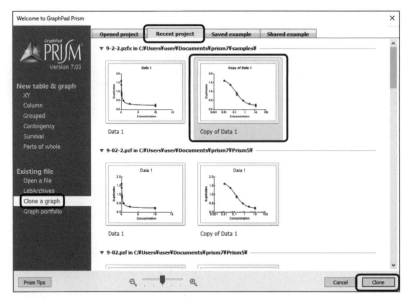

図 9.70　「Recent project」から選択

17. 「Clone Example」画面が表示されます。ここで、Y軸の測定値のみ消去して新しいデータを入れることにしますので、「Example data」項目の一番上の「Delete Y values」にのみチェックを入れ、「OK」ボタンをクリックします。

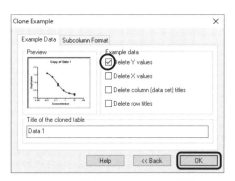

図 9.71 「Clone Example」の設定

18. 次図のように、先ほどの設定、X軸の標準曲線の濃度などの情報が残り、Y軸のデータのみが消去された表が現れますので、順番にデータを入力します。図 9.73 には、データ入力後の表が示してあります。

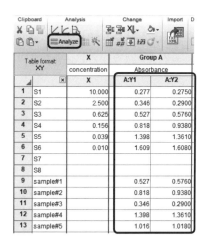

図 9.72 Y軸のデータのみが消去されたシート　　**図 9.73 データの入力**

19. ナビゲータの「Results」フォルダには、新規に入力した標準曲線の値をもとに、EIA の計算式で非線形解析された結果が表示されます。

	Nonlin fit Table of results	A Absorbance
		Y
1	EIA standard curve	
2	Best-fit values	
3	Top	1.763
4	Bottom	0.2476
5	C	0.1177
6	B	0.9107
7	Std. Error	
8	Top	0.08252
9	Bottom	0.03761
10	C	0.01822
11	B	0.1224
12	95% CI (profile likelihood)	
13	Top	1.618 to 2.04
14	Bottom	0.1385 to 0.3252
15	C	0.0745 to 0.1607
16	B	0.6436 to 1.218
17	Goodness of Fit	
18	Degrees of Freedom	8
19	R square	0.9947
20	Absolute Sum of Squares	0.01641
21	Sy.x	0.04529
22		
23	Number of points	
24	# of X values	12
25	# Y values analyzed	12

図 9.74 計算結果

20. また、ナビゲータの「Results」フォルダの「Interpolated X mean values」および「Interpolated X replicates」をクリックすると、非線形回帰で計算された未知検体の濃度が表示されています。

		X concentration (Interpolated)			A Absorbance (Entered)
		X	Upper Limit	Lower Limit	Y
1	sample#1	0.602	0.806	0.459	0.527
2	sample#1	0.482	0.631	0.378	0.576
3	sample#2	0.205	0.246	0.172	0.818
4	sample#2	0.143	0.169	0.120	0.938
5	sample#3	2.201	5.464	1.370	0.346
6	sample#3	5.789		2.517	0.290
7	sample#4	0.033	0.042	0.026	1.398
8	sample#4	0.038	0.048	0.031	1.361
9	sample#5	0.114	0.135	0.095	1.016
10	sample#5	0.113	0.134	0.095	1.018

図 9.75

21. 図 9.76 には、X 軸が対数表示の非線形解析のグラフのみが表示されています。

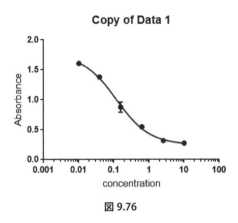

図 9.76

[2] 市販キットを用いた、標準曲線から求めた未知検体の濃度

以上のように、日常的に同じプロトコールで実験をする場合には、Prism をうまく活用することにより、データ処理が格段に簡単になります。また、異なる物質の EIA に変わったとしても、初期濃度だけを設定しなおせば、同様の方法でデータ処理が可能です。エクセルのみを使った場合と比べ、簡単にデータ処理、統計計算、グラフ化をすることができます。

9.3 2-コンパートメントモデル：Two phase exponential decay

ここでは、薬物の体内動態を解析するコンパートメントモデル解析のうち、2-コンパートメントモデルを例にとり、Prism による解析法を紹介します。

[1] 統計処理

1. Welcome 画面で「New table & graph」の「XY」を選択し、「Enter/import data:」の項目の「X:」は「Numbers」を、「Y:」は「Enter and plot a single Y value for each point」を選択し、「Create」ボタンをクリックします。

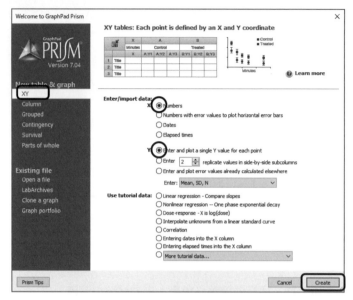

図 9.77 「XY」の設定

2. 新規データの入力

X カラムには薬物投与後の時間（Time）を、Group A に薬物の血中濃度（Concentration）を入力します。データを入力したら、「Analyze」ボタンをクリックします。

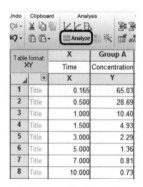

図 9.78 データの入力

3. 入力データの解析

「Analyze」ボタンをクリックすると、図 9.79 の画面が現れます。ここでは 2-コンパートメントモデルによって解析を行います。

まず、Prism で用意されている計算式を利用するため、「Built-in analysis」になっていることを確認し、非線形解析を行うために、「XY analyses」から「Nonlinear regression (curve fit)」を選択して、「OK」ボタンをクリックします。

9.3 2-コンパートメントモデル：Two phase exponential decay

図 9.79 「Analyze Data」の設定

4. まず、Prism に用意されている計算式を利用した解析法について紹介します。パラメータ画面の「Fit」タブで、「Choose an equation」の項目の「Exponential」から「Two phase decay」を選択し、「OK」ボタンをクリックします。ここで、ヘルプメニューの「Learn about this equation」、または図 9.81 の「Equation help」をクリックすると、この計算式およびその式から作図されるグラフの例が表示され、また、使い方や解釈などの詳細な情報を得ることができます。

「Two phase decay」で用意されている計算式では、消失後にプラトー相があると仮定した式になっていることが分かります。

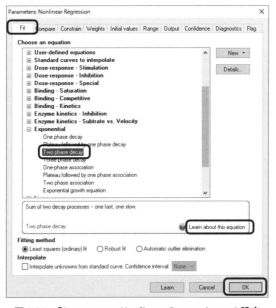

図 9.80 「Parameters: Nonlinear Regression」の設定

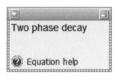

図 9.81　Equation help

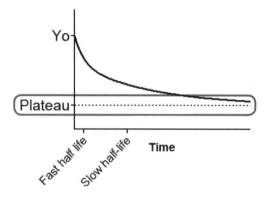

図 9.82　ヘルプの一部

5.　初期値が適切だと、非線形解析の計算が収束し、結果がナビゲータの「Results」フォルダに表示されます。ここでは、薬物の分布相における速度定数 KFast が 2.734 と計算され、また、消失相における速度定数 KSlow が 0.3968 と計算されています。Y0 には、初期濃度 99.23 が表示され、分布相および消失相におけるそれぞれの半減期が、1.747 および 0.2535 と計算されています。半減期は、$T_{1/2} = 0.693$ / 速度定数の式で計算される結果と一致します。

図 9.83　計算結果

6.　薬物の体内動態における 2-コンパートメントモデル解析では、プラトー相がなく、薬物血中濃度の対数を Y 軸にとった場合、濃度が直線的に減少することも多く見受けられます。そこで、ここでは、Prism で用意されている計算式からプラトー相を除いたモデルにカスタマ

イズする方法を紹介します。

まず、ナビゲータの「Data Tables」フォルダに移動し、上部ツールバーの「New」ボタンから「Duplicate Current Sheet」を選択します。後にプラトー相があるモデルと比較をしたいため、同じ Data Sheet を作成していますが、その必要がない場合には、パラメータの変更のみで再解析できます。

図 9.84 「Duplicate Current Sheet」を選択

7. ここでは、後からプラトー相を除いた結果と区別しやすくするために、デュプリケートで作成した Data の名前を、「w/o plateau of Data 1」と変更しておきます。「Analyze」ボタンをクリックし、先ほどと同様に、「XY analyses」から「Nonlinear regression (curve fit)」を選択して、「OK」ボタンをクリックします。

図 9.85 「Analyze Data」の設定

8. パラメータ画面の「Fit」タブの「Recently used」から「Two phase decay」を選択し、右側の「New」ボタンから「Clone selected equation」を選択します。

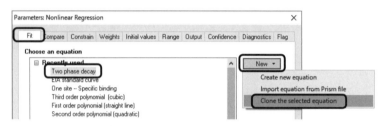

図 9.86 「Parameters: Nonlinear Regression」の設定

9. 「User-defined Equation」画面の「Equation」タブの「Definition」、「Tip」、「Description」の項目には、「Two phase decay」で用いられる計算式と説明が表示されます。ここで、四角で囲ってある「Plateau」を定義する項目を削除します。また、再度この計算式が利用できるように、「Name」の欄に「Two compartment model」と入力し「OK」ボタンをクリックします。

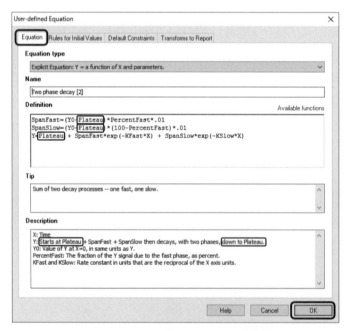

図 9.87 「User-defined Equation」の設定

9.3 2-コンパートメントモデル：Two phase exponential decay

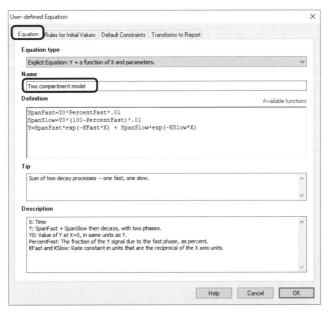

図9.88 「User-defined Equation」の設定（定義項目の設定済み）

10. 「Choose an equation」の項目の「User-defined equations」のリストに登録されますので、作成した「Two compartment model」を選択します。また、パラメータ画面の「Initial Values」タブで初期値を確認し、「OK」ボタンをクリックします。

　初期値は、通常、「Automatically」にチェックが入っており自動に入力されていますが、前述したように最適でない local minimum に計算が収束されてしまう可能性がありますので注意が必要です。通常は、グラフ等で大体の値を見当して初期値を入力されることをお薦めします。この点については、後に再度触れたいと思います。

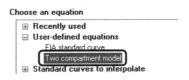

図9.89 「Parameters: Nonlinear Regression」に追加されたユーザー定期の数式

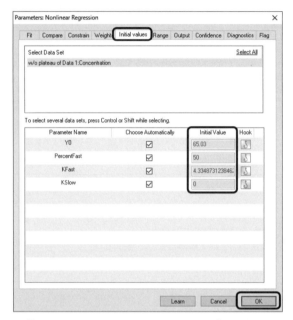

図 9.90　「Parameters: Nonlinear Regression」の「Initial Values」画面

11.　初期値が適切だと、非線形解析の計算が収束し、結果がナビゲータの「Results」フォルダに表示されます。

ここでは、消失速度定数KFastは2.683、分布速度定数KSlowは0.2389と計算されています。初期濃度 Y0 は、98.84 と計算されています。

	Nonlin fit	A Concentration Y
1	Two compartment model	
2	Best-fit values	
3	Y0	98.84
4	PercentFast	95.19
5	KFast	2.683
6	KSlow	0.2389
7	Half Life (Slow)	2.901
8	Half Life (Fast)	0.2583
9	Tau (slow)	4.185
10	Tau (fast)	0.3727
11	Rate constant ratio	11.23
12	Std. Error	
13	Y0	0.6704
14	PercentFast	0.5079
15	KFast	0.04269
16	KSlow	0.03209
17	Rate constant ratio	1.4
18	95% CI (profile likelihood)	
19	Y0	97 to 100.8
20	PercentFast	93.45 to 96.51
21	KFast	2.568 to 2.816
22	KSlow	0.1537 to 0.35
23	Half Life (Slow)	1.98 to 4.511
24	Half Life (Fast)	0.2462 to 0.2699
25	Tau (slow)	2.857 to 6.508
26	Tau (fast)	0.3551 to 0.3894

図 9.91　計算結果

12. では、ここで作成したプラトー相のない計算式で解析した図を作成します。ナビゲータの「Results」フォルダに移動後、上部ツールバーの「New」ボタンをクリックし、「New Graph of Existing Data」を選択します。その後、ここでは「w/o plateau of Data 1」を選択し「OK」ボタンをクリックします。

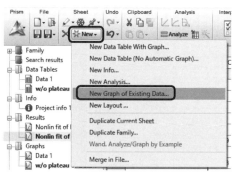

図 9.92 計算結果

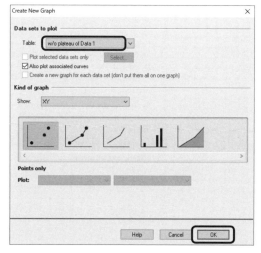

図 9.93 「Create New Graph」の設定

13. ナビゲータの「Graphs」フォルダを選択すると、図 9.94 のような測定データおよび計算式による血中濃度 − 時間曲線が表示されます。「Data 1」を用いたプラトー相のあるグラフも作成されていますが、このままでは見た目だけで区別できません。そこで、このグラフとは別にY軸（血中濃度）が自然対数のグラフを作成してみましょう。まず、図 9.95 のように上部ツールバーの「New」ボタンから「Duplicate Current Sheet」を選択します。

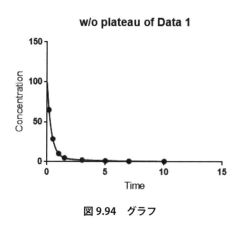

図 9.94 グラフ

図 9.95 「Duplicate Current Sheet」を選択

14. 上記で作成したグラフと同じグラフのコピーが作成されます。このグラフのY軸をダブルクリックして、Y軸関連の設定を変更します。ここでは、「Scale:」の設定を「Linear」から

「Log10」に変更し、対数目盛にします。変更をした後、「OK」ボタンをクリックします。Y軸を対数目盛にすることにより、プラトー相がない場合には、消失相における血中濃度が一次関数的（直線的）に減少します。

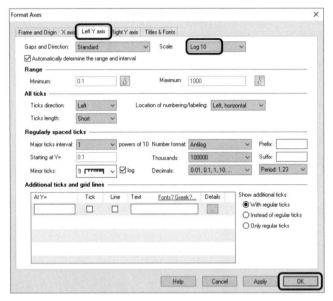

図 9.96　「Format Axes」の設定

15.　次図のように、Y 軸のみが対数目盛となったグラフが作成されます。同様の方法で、X 軸の設定を変更することも可能です（例：最大時間を 15 時間から 12 時間に変更）。比較のために、プラトー相がある計算式で作成したグラフについても、同様に Y 軸を対数目盛にしたグラフを作成してください。

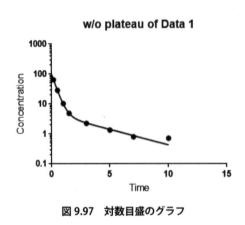

図 9.97　対数目盛のグラフ

16.　次に、できあがったグラフをレイアウトに配置し、比較してみます。まず、ナビゲータの「Layouts」をクリックします。「Create New Layout」画面で、「Page options の Orientation:」

（用紙の向き）では「Landscape」（横向き）ボタンにチェックを入れ、「Arrangement of graphs」では左右に2つのグラフを配置するアイコンを選択し、最後に「OK」ボタンをクリックします。

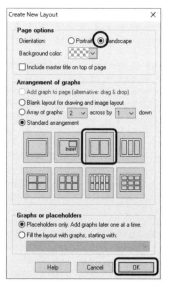

図 9.98 「Create New Layout」の設定

17. まず、Y軸が対数目盛でないグラフでプラトー相がある計算式から作成されたグラフ（ここでは「Data 1」のグラフ）を、ナビゲータの「Graphs」フォルダからドラッグして、左側のプレイスメントホルダーにドロップします。次に、同様にプラトー相がない計算式（Two compartment model）で作成されたグラフ（ここでは「w/o plateau of Data 1」）を、同様に右側に配置します。これらのグラフでは、プラトー相の有無で計算した違いはよく分からないと思います。

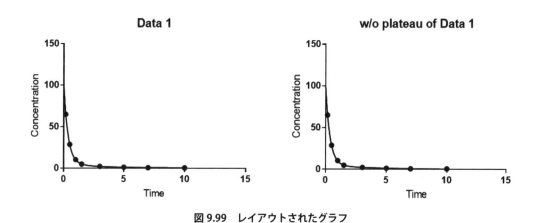

図 9.99 レイアウトされたグラフ

18. そこで、同様に、Y軸が対数目盛のグラフを新規レイアウトに配置してみます。すると、プラトー相があるものでは消失相が直線となっていませんが、プラトー相がない右側の図では、消失相が直線（1次関数）的に減少していることがよく分かります。

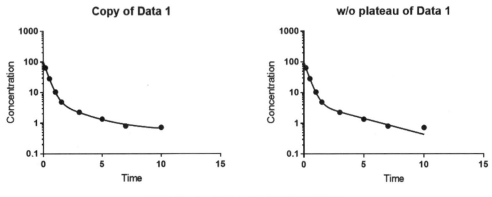

図9.100　レイアウトされた対数目盛グラフ

19. ここで回帰曲線が正しく表示されていなかったら、正しくデータが収束していませんので、より適切な初期値を入力して再計算させます。グラフから、Y軸の切片（Y0）は100、分布相の半減期（$t_{1/2}$）は約0.25、消失相の半減期（$t_{1/2}$）は約3と読み取れます。これらの値から、KFastおよびKSlowはそれぞれ2.77および0.23と計算できますので、これらを初期値として入力してみます。

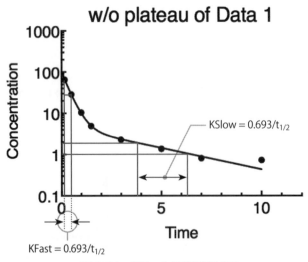

図9.101　グラフから値を読み取る

9.3 2-コンパートメントモデル：Two phase exponential decay

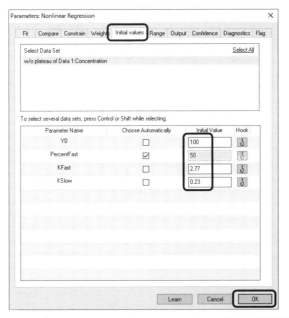

図 9.102 「Parameters: Nonlinear Regression」の設定（初期値）

20. 再計算された値は、図 9.103 で計算された値と一致し、正しく収束されていることが確認できました。

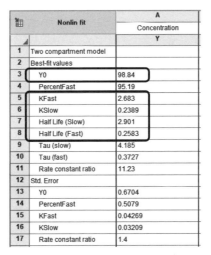

図 9.103 計算結果

9.4 非線形解析のための多彩な計算ツール

前節でも述べましたが、Prismには、非常に多くの非線形解析を行うための計算ツール（計算式）が用意されています。紙面の都合上、一部のみしか示しませんが、ほとんど使い方は変わりませんので、今回あげた例を参考に計算をしてみてください。また、得られたデータを元に非線形解析した曲線を描くだけでも、このプログラムを使う価値があります。

Prism 7 では、以下の計算式が登録されています。また、前バージョンのPrismに搭載されていた計算式は、「classic equations」として登録されています。

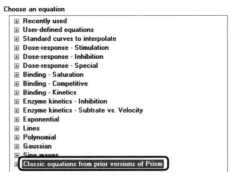

図 9.104　登録されている計算式の分類名称

個々の項目には色々な計算式がありますので、ここではリストのみ掲載します。各計算式の具体的な説明や使用方法については、それぞれの計算式のページで　Learn about this equation　をクリックすると表示される解説を参照してください。

9.4 非線形解析のための多彩な計算ツール

Standard curves to interpolate
- Line
- Sigmoidal, 4PL, X is log(concentration)
- Asymmetric Sigmoidal, 5PL, X is log(concentration)
- Semilog line
- Hyperbola (X is concentration)
- Second order polynomial (quadratic)
- Third order polynomial (cubic)

Dose-response - Stimulation
- log(agonist) vs. response (three parameters)
- log(agonist) vs. response -- Variable slope (four parameters)
- log(agonist) vs. normalized response
- log(agonist) vs. normalized response -- Variable slope
- [Agonist] vs. response (three parameters)
- [Agonist] vs. response -- Variable slope (four parameters)
- [Agonist] vs. normalized response
- [Agonist] vs. normalized response -- Variable slope

Dose-response - Inhibition
- log(inhibitor) vs. response (three parameters)
- log(inhibitor) vs. response -- Variable slope (four parameters)
- log(inhibitor) vs. normalized response
- log(inhibitor) vs. normalized response -- Variable slope
- [Inhibitor] vs. response (three parameters)
- [Inhibitor] vs. response -- Variable slope (four parameters)
- [Inhibitor] vs. normalized response
- [Inhibitor] vs. normalized response -- Variable slope

Dose-response - Special
- Asymmetric (five parameter)
- Biphasic
- Bell-shaped
- Operational model -- Receptor depletion
- Operational model -- Partial agonist
- Gaddum/Schild EC50 shift
- Allosteric EC50 shift
- log(agonist) vs. response -- Find ECanything
- EC50 shift

Binding - Saturation
- One site -- Total
- One site -- Total, accounting for ligand depletion
- One site -- Total and nonspecific binding
- One site -- Specific binding
- Two sites -- Specific binding
- Two sites -- Total and nonspecific binding
- Allosteric modulator shift
- Specific binding with Hill slope

Binding - Competitive
- One site - Fit Ki
- One site - Fit logIC50
- Two sites - Fit Ki
- Two sites - Fit logIC50
- One site -- Heterologous with depletion
- One site -- Homologous
- Allosteric modulator titration

Binding - Kinetics
- Dissociation - One phase exponential decay
- Association kinetics - One conc. of hot
- Association kinetics - Two or more conc. of hot
- Association then dissociation
- Kinetics of competitive binding

Enzyme kinetics - Inhibition
- Competitive inhibition
- Noncompetitive inhibition
- Uncompetitive inhibition
- Mixed model inhibition
- Substrate inhibition
- Morrison Ki

Enzyme kinetics - Substrate vs. Velocity
- Michaelis-Menten
- kcat
- Allosteric sigmoidal

Exponential
- One phase decay
- Plateau followed by one phase decay
- Two phase decay
- Three phase decay
- One-phase association
- Plateau followed by one phase association
- Two phase association
- Exponential growth equation

Lines
- Straight line
- Line through point (X0, Y0)
- Line through origin
- Horizontal line
- Semilog line -- X is log, Y is linear
- Semilog line -- X is linear, Y is log
- Log-log line -- X and Y both log
- Segmental linear regression
- Cumulative Gaussian -- Percentages
- Cumulative Gaussian -- Fractions

Polynomial
- First order polynomial (straight line)
- Centered first order polynomial (straight line)
- Second order polynomial (quadratic)
- Centered second order polynomial (quadratic)
- Third order polynomial (cubic)
- Centered third order polynomial (cubic)
- Fourth order polynomial
- Centered fourth order polynomial
- Fifth order polynomial
- Centered fifth order polynomial
- Sixth order polynomial
- Centered sixth order polynomial

Gaussian
- Gaussian
- Sum of two Gaussians
- Lognormal
- Cumulative Gaussian -- Percents
- Cumulative Gaussian -- Fraction
- Cumulative Gaussian -- Counts
- Lorentzian
- Sum of two Lorentzian

Sine waves
- Standard sine wave
- Damped sine wave
- Sinc()
- Sine wave with nonzero baseline

Classic equations from prior versions of Prism
- One site binding (hyperbola)
- Two site binding (hyperbola)
- Sigmoidal dose-response
- Sigmoidal dose-response (variable slope)
- One site competition
- Two site competition
- Boltzmann sigmoidal
- One phase exponential decay
- Two phase exponential decay
- One phase exponential association
- Two phase exponential association
- Exponential growth
- Power series: Y=A*X^B + C*X^D
- Polynomial: First Order (straight line)
- Polynomial: Second Order (Y=A + B*X + C*X^2)
- Polynomial: Third Order (Y=A + B*X + C*X^2 + D*X^3)
- Polynomial: Fourth Order (Y=A + B*X + C*X^2 + D*X^3 + E*X^4)
- Sine wave
- Gaussian distribution

図 9.105 計算式のリスト

さらに、「New」ボタン（Mac 版では「+」ボタン）から「Create new equation」を選択し、「Definition」のところに計算式をキーボード入力したり、Prism に用意されている計算式からクローンを作成したり、Prism file のライブラリーからインポートした後、計算式を編集したりして、非線形解析を行うことも可能です。

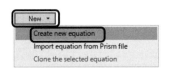

図 9.106 「Create new equation...」を選択

ここでは、一次吸収過程がある 1-コンパートメントモデルの計算式を入力し、パラメータを計算しています。

Oral - one compartment model
$Y=(ka*C_0)/(ka-kel)*(exp(-kel*X)-exp(-ka*X))$

; The half lives are 0.693/ka and 0.693/kel.
ここでは、C_0 = 100 (mg) として計算しています。

「User-defined Equation」画面の「Equation」タブで、「Definition」の空欄に上記の式を入力し、「Name」の欄に「one comp. -p.o.」と入力し、「OK」ボタンをクリックします。また、投与量を 100 mg としているため、C_0 は 100 で固定しています。

図 9.107　計算式の入力

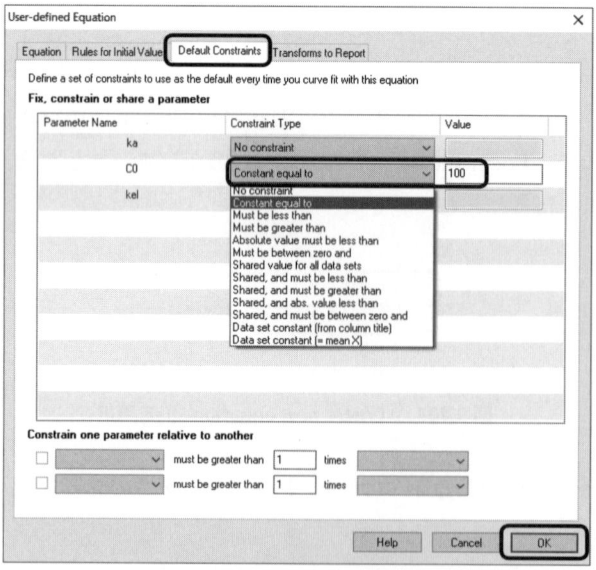

図 9.108　変数の値設定

図 9.109　データの入力

図 9.110　レイアウトにグラフを配置

	Nonlin fit	A Concentration Y
1	one comp.-p.o	
2	Best-fit values	
3	ka	0.5
4	C0	= 100
5	kel	0.05
6	Std. Error	
7	ka	4.25e-005
8	kel	3.422e-006
9	95% CI (profile likelihood)	
10	ka	0.4999 to 0.5001
11	kel	0.04999 to 0.05001
12	Goodness of Fit	
13	Degrees of Freedom	7
14	R square	1
15	Absolute Sum of Squares	0.000161
16	Sy.x	0.004795
17	Constraints	
18	C0	C0 = 100
19		
20	Number of points	
21	# of X values	9
22	# Y values analyzed	9

図 9.111　計算結果

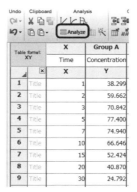

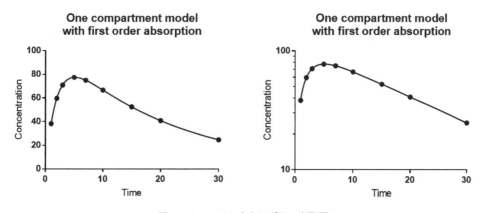

例えば、「Bell-shaped」となる用量反応曲線のような、より高度な非線形解析の計算式も次図のように定義されており、同様に利用することができます。このように豊富な計算式を簡単に使える点で、Prism は大変パワフルなツールと言えます。

```
Span1=Plateau1-Dip
Span2=Plateau2-Dip
Section1=Span1/(1+10^((LogEC50_1-X)*nH1))
Section2=Span2/(1+10^((X-LogEC50_2)*nH2))
Y=Dip+Section1+Section2
```

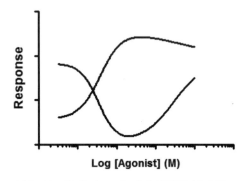

図 9.112 「Bell-shaped」となる用量反応曲線

参考文献

市原清志（1990）『バイオサイエンスの統計学　Statistics for Bioscience 正しく活用するための実践理論』南江堂

佐藤敏彦、小西宏明（1994）『Macintosh for Expert StatView 4.0 日本語版』BNN

対馬栄輝（2007）『SPSSで学ぶ医療系データ解析—分析内容の理解と手順解説、バランスのとれた医療統計入門』東京図書

対馬栄輝（2008）『SPSSで学ぶ医療系多変量データ解析—分析内容の理解と手順解説、バランスのとれた医療統計入門』東京図書

津崎晃一（監訳）（1997）『数学いらずの医科統計学　コンピュータ・エイジのための統計学指南』メディカル・サイエンス・インターナショナル（Harvey Motulsky 著　Intuitive Biostatistics）

Harvey Motulsky（1999）『Analyzing Data with GraphPad Prism』GraphPad Software, Inc.

長田　理（1999）『改訂　スタットビュー 5.0 対応版　StatView —医学— 統計マニュアル』真興交易医書出版部

『Super ANOVA Manual』ABACUS Concepts, Inc.

永田　靖、吉田道弘（1997）『統計的多重比較法の基礎』サイエンティスト社

GraphPad 社

電話　　　　：858-454-5577
ファックス　：858-454-4150
E-mail　　　：support@graphpad.com または sales@graphpad.com
Web　　　　：www.graphpad.com
住所　　　　：GraphPad Software, Inc.
　　　　　　　7825 Fay Avenue, Suite 230
　　　　　　　La Jolla, CA 92037 USA

有限会社エムデーエフ

電話　　　　：03-5848-6225
ファックス　：03-5848-6335
E-mail　　　：sales@mdf-soft.com
Web　　　　：www.mdf-soft.com/
住所　　　　：〒 136-0071
　　　　　　　東京都江東区亀戸 2-28-3
　　　　　　　アセッツ亀戸 40A

数字・ギリシャ文字

2×2 分割表	233
2 群の比較	80, 91, 99, 173, 191
2 つのカテゴリー変数で分類される多群の比較	118, 132, 146, 160
2-コンパートメントモデル	303
3 つのカテゴリー変数で分類される多群の比較	166
95 % 信頼区間	29
α エラー	16
χ^2 検定	233, 245

B

Bartlett's test	109
Bonferroni 法	18, 112
Brown-Forsythe test	109

C

censored variable	256
Chi-square test	233, 245
Cloning	61
confidence interval	29
confidence limit	29

D

Data Tables	45
dependent variables	3
Duncan の方法	19
Dunn 法	18
Dunnett 法	18, 112

E

error	24

F

Factorial ANOVA	132
Fisher の直接確率法	238
Fisher's LSD 法	117
Friedman test	195

G

Gaussian distribution	30
Graphs	45
Grubbs's-Smirnov 棄却検定	21

H

H_0	8
H_1	8
Holm-Sidak 法	112

I

Import Data	46
independent variables	3
Info	45
interaction	143, 160
interval	4

K

Kaplan-Meier 法	250
Kolmogorov-Smirnov 検定	21
Kruskal-Wallis test	179

L

l×m 分割表	245
Layout	45
Linear regression	213
Log-rank 法	256

M

Magic ツール	65
Mann-Whitney U-test	173, 191
Mantel-Cox 法	256
Multiple comparison	17, 105

N

Narrative results	123
Newman-Keuls 法	18, 19, 112
nominal	3
Non-linear regression	219

normal distribution	30

O

Odds ratio	238
One Sample t-test	75
One-way Factrial ANOVA	105
ordinal	4

P

p値	8
paired t-test	99
Pearson's correlation coefficient	203
post-hoc test	15, 146, 179, 195
prediction interval	30

Q

QuickCalcs	21

R

R^2値	207, 214
Relative risk	238
Repeated measure ANOVA	132
Results	45
robustness	14

S

Scheffe法	18
SEM	23
Sidak法	112
Speaman's correlation coefficient by rank	208
standard deviation	23
standard error	23
Student's t-test	80
Student-Newman-Keuls法	19
Survival analysis	249

T

t分布	30
test for linear trend	17
Three-way Factorial ANOVA	166
Tukey法	18, 112
Two phase exponential decay	303

Two-way ANOVA	118
Two-way Factorial ANOVA	146, 160
Two-way Repeated measure ANOVA	134

U

Unpaired t-test	80, 91

V

variables	2

W

Welchの補正	91
Welcome画面	37
Wilcoxon rank sum test	191
Wilcoxon signed rank test	191
Wilcoxonの符号付順位検定	191

Y

Yatesの補正	238

あ

印刷	61
エクスポート	60
オッズ比	238

か

ガウス分布	30
片側検定	27
カプラン・マイヤー法	250
間隔変数	4
頑健性	14
棄却	9
棄却検定	21
帰無仮説	8
寄与率	207
クラスカル・ワーリス検定	179
グラブス・スミルノフ棄却検定	21
グラフのカスタマイズ	54
グラフの作成	48
グラフの初期設定	47
グラフの複製	61
グラフの編集	64

繰り返し 118
クローニング 61
傾向性に対する多重比較法 17
決定係数 207, 214
検出力 115
交互作用 143, 160
コーホート分析 238
誤差 24

さ

サンプル標準偏差 26
従属関係 99
従属変数 3
順序変数 4
自由度 26
信頼区間 29
信頼限界 29
スピアマンの順位相関係数 208
正規性の検定方法 13
正規分布 12, 30
生存分析 249
制約付 LSD 法 19
説明変数 213
センサー変数 256
相殺効果 133
相乗効果 133
相対リスク 238

た

第一種の過誤 16
対応のある 2 群の比較 99, 191
対応のある 3 群以上の比較 195
対応のない 2 群の比較 80, 91
タイプ 1 エラー 16
対立仮説 8
多群の比較 105, 118, 132, 146, 160,
166, 179, 195
多重比較検定 17
単純直線回帰 213
中央値 19, 20
データ入力 46
転送 59

独立した 2 群の比較 173
独立した 3 群以上の比較 105, 179
独立変数 3

な

ナビゲータ 45
ノンパラメトリック検定 12

は

パーセンタイル値 20
バートレット検定 109
バイアス 24
ハイライト 72
箱ヒゲ図 20
外れ値 20
母標準偏差 27
パラメトリック検定 12
バランスドデータ 134
反復測定 134
ピアソンの相関係数 203
ヒストグラム 24
非線形回帰 219
標準誤差 23
標準偏差 23
ブラウン・フォーサイス検定 109
フローティングメモ 72
分散分析法 134
分析結果の表示 52
平均値 19
変数 2
母集団の平均値との比較 75
ポストホック検定 15

ま

無制約 LSD 法 19
名義変数 3
メディアン 20
目的変数 213

や

有意 8
予測範囲 30

ら

両側検定 27
レイアウト 67
ログ・ランク法 256

■ 著者プロフィール

平松 正行（ひらまつ・まさゆき）

1958 年生まれ。1981 年に名城大学薬学部、1986 年に同大学大学院薬学研究科博士後期課程を修了後（薬学博士）、名城大学薬学部に勤務。平成 13 年 4 月より助教授、平成 14 年 4 月からは大学院総合学術研究科併任、平成 19 年 4 月より同准教授、平成 25 年 4 月より同教授、平成 27 年 4 月からは、同薬学部長。この間、2 年間カリフォルニア大学ロサンゼルス校医学部に留学。日本体育大学保健医療学部非常勤講師、看護学校非常勤講師、治験審査委員、欧文雑誌編集委員などを歴任。専門は、神経精神薬理学。

GraphPad Prism 7 による生物統計学入門

2018 年 6 月 20 日　　初版第 1 刷発行

著　者	平松 正行
発行人	石塚 勝敏
発　行	株式会社 カットシステム
	〒 169-0073　東京都新宿区百人町 4-9-7　新宿ユーエストビル 8F
	TEL （03）5348-3850　　FAX （03）5348-3851
	URL　http://www.cutt.co.jp/
	振替　00130-6-17174
印　刷	シナノ書籍印刷 株式会社

本書に関するご意見、ご質問は小社出版部宛まで文書か、sales@cutt.co.jp 宛に e-mail でお送りください。電話によるお問い合わせはご遠慮ください。また、本書の内容を超えるご質問にはお答えできませんので、あらかじめご了承ください。

■ 本書の内容の一部あるいは全部を無断で複写複製（コピー・電子入力）することは、法律で認められた場合を除き、著作者および出版者の権利の侵害になりますので、その場合はあらかじめ小社あてに許諾をお求めください。

Cover design　Y.Yamaguchi　　© 2018 平松正行
Printed in Japan　ISBN978-4-87783-502-6